DES INONDATIONS EN GÉNÉRAL

LEURS CAUSES

MOYEN DE LES PRÉVENIR

PAR

FRANÇOIS VENAT,

GÉOMÈTRE, ANCIEN ADJOINT A LA MOTTE-SERVOLEX

CHAMBERY

IMPRIMERIE MÉNARD, RUE JUIVERIE, HÔTEL D'ALLINGES

1889

DES INONDATIONS EN GÉNÉRAL

LEURS CAUSES

MOYEN DE LES PRÉVENIR

PAR

FRANÇOIS VENAT,

GÉOMÈTRE, ANCIEN ADJOINT A LA MOTTE-SERVOLEX

—— ✾ ——

CHAMBERY

IMPRIMERIE MÉNARD, RUE JUIVERIE, HÔTEL D'ALLINGES

1880

PREMIÈRE PARTIE

CHAPITRE Ier.

Des causes des inondations.

La première des causes auxquelles on doit attribuer les inondations est la fréquence et la continuité des pluies qui tombent sur les plans inclinés. Les eaux n'étant pas arrêtées ni absorbées par les rochers et les terrains se précipitent dans les bas-fonds, en formant ce qu'on appelle les torrents et ravins.

Plus les plans inclinés sont élevés, tels que les sommets montagneux, plus les pluies sont fréquentes et continues, et les dégâts produits dans les plaines ne proviennent pas seulement ni exclusivement des pluies qui y tombent, mais surtout de celles tombées sur les hauteurs, se jetant avec violence dans les *crases* avec des quantités énormes de terre, de sable et de gravier.

Ce n'est donc pas dans les plaines qu'il faut chercher le remède et l'appliquer, mais sur les pentes élevées, où se trouve la source du mal.

Ce petit travail, — fruit de mes études et de mes observations, — aura l'avantage immense de fournir aux propriétaires et riverains des torrents les moyens de se préserver de ces terribles inondations qui, en un instant, détruisent les récoltes et aussi les travaux de plusieurs années.

Une autre cause des inondations, ce sont les alluvions produites par les éboulements, qui surviennent à droite et à gauche des torrents sur toute leur longueur. Les torrents prennent presque tous leur source dans les montagnes ; les autres, en plus petit nombre, dans les mamelons ; mais ceux des montagnes sont toujours plus grands, plus étendus, plus redoutables, parce qu'ils sont alimentés et grossis par plusieurs sources qui viennent grossir le lit principal, lequel se creuse à de grandes profondeurs en isolant les roches et les terrains solides ou improductifs et entraînent les alluvions. Celles-ci sont produites par trois causes : la première, l'action du hâle et la chaleur qui agissent sur les corps durs tels que poudingues, calcaires, grès, molasses, marnes compactes ; la deuxième, les fortes gelées qui agissent

en soulevant et décomposant les corps durs, sortes
de matières mélangées de terres et de marnes humides descendant le lit des torrents en se brisant ; le
troisième, l'eau agissant sur les corps durs chauffés
par le soleil qui les dispose à se fuser. Tous ces
corps, chauffés ou gelés, se désagrégent sous l'action des fortes pluies et descendent en masse, par
éboulement, du ruisseau à la rivière, de la rivière
au fleuve, du fleuve à la mer, s'il n'y a pas de lac
pour les recevoir.

Près de leurs sources, les torrents ne débordent
pas, parce qu'ils sont profondément encaissés et que
la pente est rapide. Alors glissent toutes les matières
encombrantes qui, arrivées dans la plaine, s'arrêtent,
s'amoncèlent et, exhaussant les eaux, les font déborder et ravager les terrains avoisinants, parce
que là les grosses pierres s'arrêtent, n'étant plus
poussées ni entraînées par la pente, et forment barrage. Il en résulte que les bonnes terres sont entraînées au loin, et qu'il n'y a que les graviers et les
cailloux qui restent et forment de grands espaces
improductifs, après avoir rompu les digues.

Il y a encore une autre cause qui, en augmentant
la quantité ou le volume des détritus, sables, graviers, grossit les rivières et provoque les inondations, c'est la quantité de terrains journellement mis
en culture pour accroître le bien-être. Ces terrains
défoncés, minés, ameublis, recevant de trop grandes

pluies, laissent descendre leurs parties meubles qui
encombrent encore le lit des torrents et exhaussent les eaux qui ne peuvent plus couler rapidement.
Aussi, il n'y a pas de rivière ou torrent qui n'ait
deux mètres et trois mètres d'épaisseur de gravier
ou de sable au fond de son lit. De telle sorte que
cette épaisseur de gravier empêche l'eau de creuser
les torrents en coulant rapidement, et l'eau alors
passe par-dessus les digues et les gabions ou les
renverse. Nous indiquerons plus loin le moyen d'y
remédier.

II.

Effets que produisent les ravins et torrents à partir de leurs sources.

Ceux qui ont parcouru les montagnes ont dû
remarquer que les sources des plus grands torrents
sont formées par des *gers* ou petits ravins qui descendent perpendiculairement à ces torrents, et lorsque
les pluies sont un peu plus fortes, ces sources amènent continuellement une certaine quantité de gravier par plusieurs embranchements. Au bas des
montagnes commencent alors les lits encaissés des
torrents qui reçoivent toutes les matières de ces
nombreux affluents, et qui en se heurtant à des rocs
ou des corps durs finissent par s'arrondir, roulent,

puis s'arrêtent où la pente cesse après avoir creusé le sol à plus de 150 pieds.

En France et dans d'autres pays sans doute, les coteaux sont la partie la plus riche pour l'agriculture. Ils fournissent les bons blés, les fruits et ces riches vignobles dont les vins sont si recherchés. Ils fournissent encore des foins nourrissants pour les bestiaux qui ornent les boucheries de nos cités, et forment notre principale alimentation. Eh bien ! l'action des eaux qui forment les torrents, à force de détériorer ces coteaux, finit par les rendre improductifs, parce que les pluies les ont dégradés ou y ont amené sables et graviers qui les recouvrent après avoir pris la place du sol végétal et arable. Les bois eux-mêmes sont atteints et descendent, entraînés jusqu'au bas des pentes. De là des pertes considérables pour les propriétaires et même pour l'Etat, car il n'est pas possible d'imposer des terrains arides. Tout cela est le résultat des torrents qui, toujours grossis par leurs sources, détériorent les rives, les entraînent en élargissant leur cours et en creusant leurs lits, dans lesquels descend peu à peu tout le sol fertile. C'est cet inconvénient que mon système tend à éviter et que nos ancêtres auraient pu éviter avant nous, s'ils avaient su prévenir aussi le creusement des ravins et les ravages qu'ils font autour d'eux en entraînant leurs rives.

Bien des gens et des fonctionnaires se sont occupés de la question des inondations, principalement MM. les ingénieurs, qui, souvent, ont été chargés de faire des études en vue de prévenir les désastres. La plupart de ces ingénieurs se sont bornés à prescrire les digues, ce qui paraissait le plus logique ; mais d'autres ont prétendu et prétendent encore que le reboisement des montagnes est un excellent préservatif des inondations. Ces moyens sont plutôt onéreux qu'efficaces. On prétend que les bois, en se développant par les hautes futaies, conserveront l'humidité des terrains ; qu'étant plus gros, les arbres auront de plus grosses racines et retiendront les pierres susceptibles de rouler ; que les feuilles de ces arbres, se mettant en travers des racines, empêcheront les eaux de couler avec tant de rapidité.

Je conviens que le boisement des montagnes conserverait l'humidité et que les rayons du soleil auront moins d'action sur le sol couvert, que les sources s'altéreront moins vite ; mais pour remplir le but énoncé plus haut, je ne le crois pas. Au contraire, si les monts sont bien boisés, le soleil ayant moins d'influence sur le sol, le fond et le très-fond resteront humides plus longtemps, les nouvelles pluies trouvant l'humidité du sol couleront plus vite que sur une terre sèche, et bientôt l'eau de pluie de toute une montagne sera plus vite réunie au ravin et au torrent ; tandis que si le sol est exposé aux rayons

du soleil, l'eau est plus vite absorbée par le terrain
desséché et, coulant en très petite partie vers le
torrent, elle n'entraîne aucune matière étrangère;
mais si le sol est déjà humide, les averses
coulent instantanément vers les ravins situés au-
dessous en emmenant avec elles toutes les pierres,
tous les graviers, tous les sables et alluvions qu'elles
rencontrent.

Il y a plus encore: les arbres à grandes branches
sont plus exposés aux vents et aux tempêtes qui ré-
gnent sur les sommets, et comme il n'y a pas de
grandes pluies sans grands vents, les arbres sont
bien plus tôt renversés que les petits, d'où il résulte
que les racines se soulèvent en soulevant avec elles
des pierres et de la terre, et la pluie aidant, tous ces
matériaux descendent rapidement, quelquefois avec
les arbres jusque dans le lit du ravin qu'ils encombrent. On sait qu'avant l'annexion, les montagnes
de la Savoie n'étaient presque pas boisées, parce que
tout le monde les dévalisait, au point qu'on ne trouvait rien ou presque rien même dans les bois com-
munaux. Or, depuis que la nouvelle administration
française a fait reboiser les montagnes et les coteaux,
les inondations, qui ne nous atteignaient pas alors,
nous dévastent aujourd'hui.

Donc, de toutes les questions qui intéressent la
société en général, celle-ci est une des premières
puisqu'elle concerne l'agriculture, notre mère à tous.

Or, tous les systèmes pratiqués jusqu'à ce jour ont consisté en travaux d'art, tels que digues en pierres de taille, en pierres brutes, et pour les endroits moins dangereux, en gravier, terre, etc., en forme de chaussées. Ces moyens ne sont pas mauvais, mais ils sont de courte durée et, de plus, inefficaces parce que le lit des rivières s'exhaussant tous les jours, l'eau, dans les fortes pluies, passe au-dessus de ces digues ou les renverse et se répand dans les champs voisins pour les ravager et appauvrir les populations. Il faut recommencer les digues, et ce sont alors des frais incessants, plus les frais d'employés, ce qui ne laisse pas que de décourager les populations atteintes, tout en ruinant le Trésor et les départements.

Le mal vient donc tout d'en-haut ; il descend la pente des torrents avec les matières encombrantes, et trouvant, au bas, la fin de la pente, ces matières s'arrêtent, comblent les gabions, exhaussent le lit des torrents et forcent l'eau à se répandre au dehors pour ravager nos prairies et nos champs.

III.

Je trouve une phrase, ou plutôt un passage dans l'*Annuaire Mathieu de la Drôme*, de 1874, qui vient corroborer la thèse que je soutiens :

« Si aucun phénomène géologique ou météorolo-

« gique ne venait modifier profondément cette sur-
« face, les siècles se chargeraient de l'user par
« l'œuvre des agents atmosphériques eux-mêmes.
« L'opération commence par les montagnes. Le so-
« leil, la gelée, le vent, la pluie les désagrégent.
« La pesanteur entraîne tous les débris dans les
« vallées, dans le lit des ruisseaux et des fleuves
« qui les amènent dans la mer. Par cet apport fai-
« ble mais continuel, le fond des mers s'exhausse
« et la mer, dont la quantité reste toujours la même,
« empiète peu à peu sur les rivages. Dans l'hypo-
« thèse où nous nous plaçons d'une immobilité ab-
« solue de la surface terrestre et de l'absence de
« tout soulèvement comme de toute dépression, on
« voit que le résultat définitif de la dégradation
« des montagnes et de l'exhaussement du fond des
« mers serait la nivellation du globe. Or, le volume
« des eaux qui remplissent actuellement le lit des
« océans serait suffisant pour s'étendre sur la sur-
« face entière du globe et cela avec une épaisseur
« de deux cents mètres, couche bien suffisante pour
« noyer le genre humain et ses œuvres. »

Viennent encore à l'appui de mes allégations
quelques lignes d'un ouvrage intitulé : *Les irrigations dans le département de Vaucluse*, par J.-A.
BARRAL, secrétaire perpétuel de la Société centrale
d'agriculture de France.

Au sujet des irrigations, M. Barral cite dans son

ouvrage 88 torrents ou rivières du département de Vaucluse. Pour prévenir les inondations, si l'on a pratiqué des digues partout, le département doit être rudement éprouvé par les dépenses qui en résultent. Exemple : page 32, la rivière l'Aigues a un parcours de 36 kilomètres ; en faisant sur son parcours deux digues de 36 kilomètres, total : 72 kilomètres de digues, quelle dépense pour les riverains !

Voir à la même page le torrent de Saint-Laurent, qui, depuis sa naissance jusqu'à sa chute dans l'Aigues, a un parcours de 5,000 mètres, que de matières ce torrent doit amener dans l'Aigues !

Voir page 31, n° 12, sur les cours d'eaux (même ouvrage) :

« Le Lauzon prend sa source sur le territoire de Montségur (Drôme), à l'est des collines de Saint-Paul-Trois-Châteaux. Il entre dans le Vaucluse à son extrémité-nord, traverse les territoires de Lapalud, Lamotte et Bolème sur un parcours total de 15,100 mètres dans les grandes crues de 32 mètres cubes. Sa largeur moyenne est de 19 mètres. Comme il coule sur des terrains sablonneux et faciles à désagréger, *il roule beaucoup de sable et de menus graviers* que l'on est obligé d'enlever de son lit pour éviter les débordements. »

Même ouvrage, page 32, n° 14 :

« L'Aigues est le plus important des affluents

torrentiels du Rhône, sur le territoire de Vaucluse.
Il prend naissance dans les bois de Laux-Montaux,
dans le département de la Drôme. Il traverse tout
l'arrondissement de Nyons et arrive toucher le département de Vaucluse entre Saint-Maurice et Vil-
ledieu; il limite alors pendant quelque temps la
Drôme et Vaucluse le long des communes de Bris-
son et de Saint-Roman-de-Bellegarde pour pénétrer
dans le dernier département, non loin du village de
Sainte-Cécile; il traverse les territoires des communes de Tairanne et Cavaillon et longe celui de
Cameret, en parcourant toute la plaine comprise entre les collines de Gigondar à l'est et celle d'Uchaux
à l'ouest. Il va ensuite couper la grande route de
Lyon à Avignon, un peu au nord d'Orange. Enfin,
continuant à se diriger de l'est à l'ouest, il se jette
dans le Rhône à 4 kilomètres en amont de l'embouchure de la Cèze, rivière du Gard.

« Son parcours total, dans Vaucluse, est de 56
kilomètres. Il a pour largeur moyenne 250 mètres.
Il est à sec pendant trois mois de l'année. Dans les
eaux ordinaires, son débit est de 10 mètres cubes;
mais dans les grandes crues, il atteint 870 mètres
cubes. Cette rivière, dit M. Scipion Gras, est sujette
à des crues violentes et subites. Au moindre orage,
les eaux grossissent et, pour peu que la pluie continue, on l'entend mugir au loin et *rouler avec fracas
de grandes masses de graviers.* Quand elle déborde,

elle ravage, renverse et détruit tout ce qu'elle rencontre. *Les dégâts sont énormes entre Nyons et le Rhône*; presque partout les graviers sont aussi élevés que les terres dans le voisinage du Rhône; elle a formé avec le temps un vaste lit de déjection dont la convexité est très-prononcée et qui offre une largeur de plusieurs centaines de mètres au nord d'Orange. »

Même ouvrage, voir page 35, n° 32 :

« L'Euvèze est un des grands torrents du département de Vaucluse. Elle prend naissance dans la Drôme, sur le territoire de Montauban. Elle fait son entrée dans le département de Vaucluse, à peu de distance du village de Mallous. Elle continue à couler de l'est à l'ouest jusqu'à Vaison, où elle passe entre deux rochers sous un pont très-ancien que l'on regarde comme étant d'origine romaine. Elle tourne ensuite autour des hauteurs situées entre Vaison et Gigondar, et elle en suit le contour occidental jusqu'aux environs de Jonquières. Elle traverse la plaine de Sarrians et reçoit la Sorgues à Bédaride; puis elle continue son cours à travers la commune de Sorgues pour se jeter dans le Rhône, en tête de l'île de la Bartelasse. Au bourg de la Sorgues, vient tomber dans ce cours d'eau une partie des eaux de la Sorgues.

« Aussi, de Bédaride au Rhône, cette réunion des eaux de l'Euvèze a un parcours total de 41,300 mètres dans le département de Vaucluse. Elle est à sec pendant six mois de l'année. Son débit est de 10 mètres cubes dans les eaux ordinaires et de 750 mètres cubes dans les grandes crues. Sa largeur moyenne est de 125 mètres. *Elle exhausse considérablement son lit dans ses mouvements tumultueux sur les territoires de Jonquières, de Sarrians, de Courthezon et de Bédaride, ce qui force les riverains à des repurgements et à des frais d'entretien coûteux.* »

Même ouvrage, pages 43 et 44, n° 75 :

« Le Coulon ou Caulon est le principal affluent de la Durance dans le département de Vaucluse, et il a le parcours le plus considérable dans l'intérieur du département. Si l'on se dirige de l'est à l'ouest, on trouve qu'il traverse Viens et Saint-Martin-de-Castillon, qu'il sert de limite à la commune de Castillet ; qu'il sépare les communes de Caseneuve et de Saignou ; qu'il traverse celles d'Apt, de Bonnieux, de Laente, de Coult, de Baumettes, de Minerbes, d'Oppide, de Maubec, de Robion et de Cavaillon, où il se jette dans la Durance. Son parcours est de 66,760 mètres. Le Coulon ou Calavon, dit M. Scipion Gras, est un cours d'eau torrentiel assez considérable dont la source se trouve dans le département des Basses-Alpes, près de Banon. Il coule d'abord dans la direction du nord au sud jusqu'à son entrée dans le département de Vaucluse, entre Cireste (Basses-Alpes) et Saint-Pierre-de-Castillon.

A partir de là, il tourne vers l'ouest, va baigner les murs de la ville d'Apt, traverse les territoires de Lacoste, de Gouet, de Baumettes, de Ménerbes, d'Oppide, de Maubec, de Robion, de Cavaillon et se jette dans la Durance à 4 kilomètres au-dessus de cette dernière ville. *Il est profondément encaissé dans toute l'étendue de l'arrondissement d'Apt, mais il cesse de l'être à partir du territoire de Robion. Il inonde alors quelquefois la plaine environnante et y dépose, au grand détriment de l'agriculture, un sable quartzeux rouge provenant principalement des collines des environs de Roussillon.* Ce torrent peut être cité comme un exemple des cours d'eau dont le régime a considérablement changé depuis une époque reculée, probablement par l'effet des défrichements et du déboisement du sol. »

IV.

Avant d'aller plus loin, je voudrais émettre mon avis sur cette dernière phrase où l'auteur dit : « Ce torrent peut être cité comme un exemple des cours d'eau dont le régime a considérablement changé depuis une époque reculée, probablement — il ne dit pas certainement — par l'effet des défrichements et du déboisement du sol. » Un peu plus loin, il dit : « Il est profondément encaissé. » Or, comme je l'ai

fait remarquer déjà, comment se peut-il que le défri-
chement et le reboisement puissent empêcher les
inondations et changer le régime des torrents, les
empêcher de rouler des pierres, des terres, des sables et des matières graveleuses ? Il est évident
que si rien ne bougeait, que les terrains en pente
ne fussent pas corrodés continuellement, ce reboisement se ferait tout seul sur des terrains non cultivés.
Et comment veut-on que le reboisement puisse se
faire autour des torrents, sur des rochers, de la molasse, du silex, en un mot, sur des terrains arides
dont l'étendue augmente tous les jours par la corrosion des eaux, qui se trouvent en général au pied
des montagnes, coteaux ou collines, profondément
encaissés et où, par l'action des pluies, les éboulements ne s'arrêtent pas, mettant à nu les corps durs,
compactes du sous-sol.

Il est vrai que le soleil, par sa chaleur, et les fortes gelées, en un mot, les agents atmosphériques,
suivant les lois naturelles, les décomposent de manière à les rendre propres à la culture ; mais aux
premières fortes pluies, tout descend dans le lit des
torrents et conduits jusqu'aux fleuves.

Ce qui fait que les ouvertures des torrents sont si
larges à partir des montagnes, en traversant les coteaux, c'est que la pente facilite le creusement des
lits, et plus ceux-ci se creusent, plus les inondations
sont fréquentes et redoutables. Le reboisement ne

peut donc remédier à rien, car les parties boisées descendent aussi dans le lit des torrents.

Que l'on observe, du reste, le parcours des fleuves et des rivières, on y verra de loin en loin de petites îles de gravier qui forcent les eaux à s'écarter et à déborder.

Voir, page 280 de l'ouvrage de M. Barral (*Les irrigations dans le département de Vaucluse*) :

« Il est probable, dit-il, que l'espèce de presqu'île ou de delta renversé qui forme ce territoire d'Avignon ou, pour mieux dire, l'ancien plan d'Avignon, depuis le confluent du Rhône et de la Durance à l'extrémité de Courtine, jusqu'au monticule caillouteux appelé la Carigue qui vient se rattacher à la colline de Caumont, près le Bonpar, était *autrefois presque entièrement couverte par les eaux du fleuve et de la rivière*, dont les divers bras l'enserraient, au sud, à l'ouest et au nord, et ne laissaient à sec que pendant l'été ces terrains marécageux plus ou moins boisés compris entre les branches les plus profondes des deux cours d'eau. Cette plaine a changé plusieurs fois de forme générale et de dimension par suite du déplacement de l'embouchure de la Durance, située aujourd'hui à environ 5 kilomètres en aval de l'extrémité-sud de la ville d'Avignon, embouchure qu'une opinion, peut-être exagérée, place beaucoup plus bas dans des temps très-reculés, mais que des traces encore sensibles d'anciens bras permettent d'indiquer à une époque déjà ancienne, à environ 4 kilomètres de l'extrémité-nord de l'emplacement qu'occupe la ville près du hameau de Pontet, ce qui, en ajoutant la longueur d'environ 2 kilomètres de la ville du nord au sud, placerait cette ancienne embouchure à 10 kilomètres en amont de l'embouchure actuelle.

« Les divers bras de la Durance ont donc successivement occupé tout l'ancien plan d'Avignon, *ce qui explique les brusques variations dans la nature du sol ainsi formé et exhaussé peu à peu par les dépôts de terre, de sable et de gravier charriés par les eaux dans les fortes crues.*

« Les terrains produits par ces dépôts étaient encore, pour la plus grande partie, à l'état de marécages à l'époque de la colonisation romaine, et même au moyen-âge, ils n'ont été pour la plupart défrichés et livrés à une culture régulière qu'à une époque relativement assez peu reculée. Il suffit de jeter un simple coup d'œil sur un plan un peu ancien du territoire d'Avignon pour se convaincre que la partie méridionale et la partie occidentale de ce territoire étaient, il n'y a pas encore bien longtemps, sillonnées de nombreuses lônes ou branches de la Durance dont quelques-unes s'avançaient assez près de la ville ; dans le siècle dernier et même au commencement de celui-ci, ces diverses lônes, souvent desséchées en été d'une manière complète, se remplissaient d'eau courante *aux crues d'hiver et d'automne et facilitaient l'inondation, et même à cause de la forte pente des eaux,* la corrosion de la partie la plus fertile du territoire d'Avignon.

« De nombreux documents, et notamment les registres du conseil, prouvent que, pendant les deux derniers siècles, la ville d'Avignon *s'imposa les plus lourds sacrifices* pour combattre les désastreux effets des crues torrentielles de la Durance; mais les travaux de défense contre la rivière étaient conçus sans esprit d'ensemble, *chaque nouvelle inondation un peu forte amenait des dévastations qui forçaient à recommencer des œuvres d'art insuffisantes contre les flots torrentiels de la rivière déchaînée.* »

Et dire qu'aujourd'hui on continue encore le même système ! Faire des digues, les refaire quand elles sont emportées, les exhausser, placer des gabions, changer le lit de place, en un mot, imposer de lourdes charges aux riverains. Puis, former des syndicats qui nécessitent de nombreux employés pour l'entretien de ces digues faites de gravier et de sable qui n'empêchent nullement les inondations de ruiner ou de dévaster les propriétaires !...

Ce qui suit va donner une idée de la rapidité avec laquelle les torrents entraînent les graviers lorsqu'ils n'ont pas pu s'en débarrasser en débordant.

M. Buloz, directeur de la *Revue des Deux-Mondes,* avait acheté, il y a quelques années, une belle propriété à la Motte-Servolex, près Chambéry, la propriété du hameau de Roujaux, qu'il avait beaucoup améliorée en faisant défoncer le sol par un grand nombre d'ouvriers. Ces travaux durèrent plusieurs années. Le terrain était plein de pierres ; elles furent mises sur le sol pour être enlevées et jetées plus tard dans le lit du torrent qui sépare Roujaux du hameau de la Villette. Pendant plusieurs années on fit cette opération, en sorte qu'il y avait au fond du torrent de sept à huit cents mètres cubes de ces matériaux. Or, en une nuit, ces pierres furent emportées par une forte pluie qui les entraîna jusqu'à l'embouchure du torrent, où il y avait déjà de grands amoncèlements de gravier et de sable. Il en résulta que les eaux, se trouvant arrêtées dans leur cours, débordèrent à droite et à gauche dans la propriété de madame Souvy, sur un espace de 30 ares environ, avec une épaisseur de 60 à 80 centimètres, et dans la propriété de M. Perrier, sur une étendue de 60 ares environ, avec une épaisseur de 80 centimètres en moyenne.

Le torrent dans lequel furent jetées les pierres en question est le torrent appelé *Nant-Bruyant*, qui prend sa source au mont Lépine, sur les communes de Saint-Sulpice et de la Motte-Servolex, et est alimenté par plusieurs affluents. Il sépare du côté de ses sources la commune de Saint-Sulpice de celle de la Motte, le hameau de Villard-Peron de la commune de Saint-Sulpice, et le hameau de Roujaux de celui de la Villette, et le hameau des Moulins de celui de la Tessonnière, et se jette dans la Leysse entre Chambéry-le-Vieux ou Sainte-Ombre et la Motte-Servolex.

Ce torrent, depuis sa source jusqu'en aval du hameau de la Villette, a creusé un lit de 150 pieds et a formé des pentes sur les deux rives du double de sa profondeur. Son parcours est de 5,450 mètres; il possède peu d'eau en sécheresse, mais dans les crues il peut donner 100 mètres cubes par seconde. En 1871 et 1872, ce torrent fut digué du côté de son embouchure et creusé d'une manière convenable au moment de l'endiguement de la Leysse. On l'a dégagé deux fois déjà depuis cette époque, en raison des amas de gravier qui encombraient son lit et ont occasionné des ruptures qui ont inondé les riverains, et si l'on examine la quantité de gravier amoncelée en cet endroit, on voit qu'il ne tardera pas de recommencer.

V.

La Leysse.

SON SYNDICAT.

La Leysse vient des montagnes des Bauges et de la commune des Déserts. Elle se grossit du ruis-

seau de la Doria et des cascades du lieu appelé
le Bout-du-Monde. Cette rivière passe entre Chambéry, les faubourgs Nezin et du Reclus ; puis, réunie
à l'Albane, elles portent ensemble leurs eaux dans
le lac du Bourget après avoir arrosé diverses
prairies.

Quoique peu considérable, cette rivière a toujours
fait beaucoup de dégâts et porté préjudice aux propriétaires riverains, surtout depuis Chambéry jusqu'au Bourget et principalement de la Motte au lac,
et cela se comprend parce qu'en cet endroit la pente
que suit la rivière n'est pas assez grande pour permettre à l'eau du torrent d'entraîner jusqu'au lac
ses divers matériaux encombrants. Ils s'y arrêtent,
exhaussent le lit et font déborder la rivière aux
grandes crues, en passant par-dessus les digues ou
même en les renversant. Et une fois franchies par
les eaux, ces digues ne permettent pas à l'élément de
rentrer dans son lit à cause de leur hauteur ; l'eau
et le gravier restent alors dans les plaines qu'ils ont
envahies et y causent des dommages qui durent plusieurs années.

Dans le but d'améliorer la situation de cette rivière qui cause trop souvent des ravages, une commission syndicale fut instituée par un décret de
1864. Cette commission appela sur les lieux un ingénieur pour examiner ce cours d'eau et prescrire
des mesures propres à arrêter ses ravages. L'avis de

ce fonctionnaire fut de dresser le lit en lui donnant une plus grande largeur et d'y placer de distance en distance des blocs de pierre, à niveau et remontant dans le talus des digues. Ceci eût été bon si la rivière eût eu là assez de pente pour creuser son lit; mais dans les plaines les rivières ne creusent pas, elles déposent leurs graviers, sable, etc., et ne font que s'exhausser tous les ans.

Le syndicat fit exécuter fidèlement les prescriptions de cet autre *médecin*; la rivière fut dressée et diguée à nouveau sur un périmètre assez important, principalement entre la Motte et Chambéry-le-Vieux, de Voglans; et le même syndicat prit encore sous sa direction le torrent de Hyères. Ces travaux occasionnèrent une dépense de 257,780 francs pour ne remédier à rien, ou à peu près. Et la preuve, c'est que cette énorme dépense n'aboutit qu'à des plaintes, à des pétitions de la part des propriétaires intéressés, dont les intérêts ne furent point sauvegardés et qui demandèrent la dissolution du syndicat. En effet, malgré tous les travaux exécutés et chèrement payés, la rivière n'en a pas moins inondé Chambéry et les plaines de la Motte-Servolex et du Bourget, en 1875 et 1876, et même le 25 mai 1878, où les inondations causèrent de terribles pertes.

Cela se comprend. Les blocs de pierre, tirés des carrières de Lémenc et qui coûtent cher pour être amenés sur les lieux, ces blocs, dis-je, furent bientôt enterrés dans les graviers et les sables du torrent et ne servirent qu'à exhausser encore le lit. Cela arrivera toujours tant qu'on n'adoptera pas le système que je préconise et que je demande à mettre en pratique. De 1865 à 1874, la rivière, il est vrai, ne fit pas de dégâts, parce que le lit avait été creusé et dressé et élargi à nouveau ; mais peu à peu, année par année, la rivière ayant charrié tous les matériaux qui descendent des hauteurs, et ces matériaux s'étant arrêtés et amoncelés là où la pente prenait fin, le lit fut bientôt comblé, comme le précédent, et les eaux des fortes crues, ne trouvant pas le passage libre, refluèrent et débordèrent. Cela aura toujours lieu tant qu'on n'arrêtera pas les matériaux à leur source.

Comme on le verra par l'exposé suivant, le syndicat en question tendrait à se maintenir, malgré les réclamations dont j'ai parlé, alléguant qu'il a emprunté à la caisse des dépôts et consignations, dont il est débiteur d'une somme de 22,115 francs.

Voici cet exposé adopté par la commission.

VI.

Syndicat de la Leysse et de l'Hyères.

EXPOSÉ

De la situation actuelle, adopté par la commission
syndicale dans sa séance du 13 juillet 1878.

En présence des réclamations nombreuses qui

se produisent contre la marche du syndicat de la Leysse et de l'Hyères et dont quelques-unes tendent à obtenir sa dissolution, il m'a paru utile de faire connaître les conditions de la création et de l'existence de cette association, les travaux faits et les résultats obtenus.

C'est par un décret du 7 septembre 1864 que ce syndicat a été constitué tel qu'il existe aujourd'hui ; il a pour but l'achèvement et l'amélioration des ouvrages de défense contre la rivière de la Leysse, depuis le cimetière de Chambéry jusqu'au lac du Bourget, et contre le torrent d'Hyères, depuis le pont de Cognin jusqu'à son confluent avec la Leysse.

Des tentatives avaient été faites depuis bien des années pour donner à ces deux rivières un lit fixe et empêcher les ravages qu'elles causaient dans toutes leurs crues. Antérieurement à 1870, il n'existait pas de dispositions réglementaires spéciales pour organiser et assurer des travaux de défense. Ce n'est qu'en face des désastres ou après leur passage que l'autorité provinciale, sollicitée par des intéressés, prescrivait quelques mesures ; mais on n'effectuait que des ouvrages peu sérieux, incomplets dans leur ensemble et ne présentant pas de garantie pour l'avenir. Les dépenses n'en étaient payées qu'au moyen de cotisations imposées aux propriétaires riverains et dont la rentrée ne se faisait qu'avec les plus grandes difficultés. Aussi, à cette époque, une partie de la plaine qui s'étend de Chambéry au Bourget était si fréquemment envahie et dévastée par les eaux, que les terrains qui la composent se trouvaient dans un état presque inculte et n'avaient que peu de valeur. On a reconnu que, pour remédier à une telle situation, les efforts isolés des particuliers étaient stériles et que la direction laissée à chaque commune pour la défense de son territoire était sans efficacité.

Dans un règlement approuvé par des lettres-patentes du 3 mai 1830, pour reconstituer la société d'arrosage de la plaine, une disposition spéciale a été insérée afin d'obliger les propriétaires riverains de la Leysse et de l'Hyères et du Nant-Bruyant à prendre des mesures pour maintenir en bon état les bords de ce cours d'eau, en donnant à ladite société la faculté de faire exécuter les ouvrages nécessaires aux périls, risques et dépens des intéressés, dans le cas où ces derniers n'y auraient pas satisfait suivant les ordres de l'autorité provinciale. Les dépenses faites étaient divisées entre les communes et les conseils municipaux, en faisant à leur tour la répartition entre les intéressés, suivant un rôle recouvré par le percepteur. Ce système dura jusqu'en 1843, où, à la suite des inconvénients et des difficultés qui en résultaient tant pour l'exécution des travaux que pour la répartition et le recouvrement des taxes, il se forma trois commissions différentes qui n'étaient autre chose que des commissions syndicales composées de propriétaires intéressés.[1]

La première s'occupait de la rive droite, de Chambéry au Bourget ; la deuxième, de la rive gauche, de Cognin au Nant-Bruyant ; la troisième, de la rive gauche, en aval du Nant-Bruyant. Chaque commission était chargée des travaux et des dépenses qui la concernaient. Toutefois, comme on avait déjà constaté la nécessité d'adopter des mesures d'ensemble sur tout le parcours des rivières et de résoudre de concert des difficultés communes aux intérêts de tous les riverains, les trois commissions se réunissaient en une seule assemblée générale chaque fois que des circonstances spéciales l'exigeaient.

La marche de ces commissions rencontra de nombreuses difficultés, au point que, dans une réunion commune du 15 décembre 1852, elles se déclarèrent dissoutes. Mais les événements ne tardèrent pas à démontrer que, quelqu'imparfaites que fussent leurs œuvres, elles n'en étaient pas moins très-utiles et nécessaires. Elles se réunirent donc, quelques mois après leur dissolution, en assemblée générale et déclarèrent se reconstituer. Elles continuèrent ensuite à fonctionner dans ces conditions avec plus ou moins de régularité jusqu'à l'époque de l'annexion de la Savoie à la France.

Il est à remarquer que ces commissions, dans un règlement du 7 avril 1845, établirent deux garde-rivières pour la surveillance des digues de rive droite et de rive gauche, et que ces fonctions équivalaient à celles du garde actuel du syndicat. Le côté défectueux de ces commissions était de n'avoir pas une direction unique, une action commune à tous les intérêts. Les projets de travaux, toujours très-incomplets, ne pouvaient se réaliser sans de grandes difficultés. Les ressources manquaient le plus souvent et l'on ne pouvait faire face aux dépenses urgentes qu'en recourant à des expédients, à des demandes d'avances aux communes, et quand il fallait rembourser ou solder définitivement ces dépenses et imposer les propriétaires riverains, il y avait, de tous côtés, des tiraillements, une série de plaintes et de réclamations auxquelles on ne pouvait faire droit.

Cet état de choses était déplorable et conduisait à ne pouvoir rien améliorer, rien entreprendre de sérieux pour un système de défense convenable, tout en faisant payer aux riverains des cotisations assez lourdes. C'était une suite de mesures provisoires, inattendues, commandées par l'urgence et sans garantie pour l'avenir. La législation française, à laquelle on est soumis depuis 1860, ne permet pas aux communes de s'occuper des travaux et des dépenses de cette sorte, comme la législation sarde.

L'administration, d'autre part, ne vient en aide aux associations qui se forment dans le but de se protéger contre les rivières qu'autant qu'elles sont régulièrement autorisées, qu'elles ont un caractère public.

D'un autre côté, l'expérience avait démontré qu'on ne parviendrait à faire quelque chose de sérieux qu'en groupant les intérêts, en combinant toutes les forces, et en organisant les moyens d'amélioration et de conservation des travaux de défense d'une manière constante et aussi générale que le comporte la situation des terrains à protéger.

C'est par ces considérations et en présence de l'état fâcheux où se trouvaient réduites les commissions précédemment établies que, sur la demande de l'administration préfectorale, le service des ponts-et-chaussées a dû établir les conditions les plus favorables dans lesquelles pouvait être constitué un syndicat chargé de continuer l'œuvre de défense entreprise par les commissions précitées, et indispensable pour protéger les propriétaires riverains des deux rivières contre les dégâts dont ils étaient menacés aux moindres crues.

Ces études, faites avec soin et soumises aux enquêtes prescrites, ont servi de base au décret constitutif du syndicat du 7 septembre 1864.

Une fois constituée, cette association s'est mise à l'œuvre en se conformant à ses statuts, tant en ce qui concerne les travaux à exécuter qu'en ce qui touche les charges à imposer. Les taxes imposées, chaque année, pour les dépenses du syndicat sont réparties entre les propriétaires riverains des deux rives sur une portion des territoires des huit communes de Cognin, de Chambéry, de Bissy, de la Motte-Servolex, de Chambéry-le-Vieux, de Voglans, du Bourget et du Viviers. La surface du périmètre soumis à l'impôt est de 1,578 hectares environ. Les terrains ont été divisés en cinq classes pour l'assiette de l'impôt. Les parcelles comprises dans la 5e classe ne sont imposées que dans une proportion très-faible, pour ne pas dire insignifiante. Il en est à peu près de même de celles qui appartiennent à la 4e classe. Le travail de classement et les bases de la répartition des taxes ont été généralement bien conçus et bien exécutés dans leur ensemble. Il contient, il est vrai, des imperfections, des inexactitudes partielles inévitables dans une opération de ce genre; mais on les corrige à mesure qu'on les constate. On pourrait même, si la situation du syndicat s'affermissait et devenait meilleure, tout en maintenant en principe le périmètre actuel de l'association, obtenir la révision de la matrice cadastrale et un nouveau classement des terrains.

Les sommes imposées jusqu'à ce jour, depuis l'origine du syndicat, sont les suivantes :

Pour 1865 et 1866................ 27.066 04
1867................ 27.069 04
1868................ 27.755 74
1869................ 18.000 »
1870................ 13.500 »
1871................ 13.500 »
1872................ 13.500 »
1873................ 13.000 »
1874................ 13.000 »
1875................ 13.000 »
1876................ 13.000 »
1877................ 13.000 »
1878................ 12.000 »

Total........ 217.390 79

Ces cotisations n'ont pu être recouvrées intégralement par suite de quelques erreurs survenues dans les rôles et dont la rectification a été opérée. L'ensemble des cotes devenues irrecouvrables sur ces derniers divers exercices, à quel titre que ce soit, ne dépasse pas le chiffre de 4,000 francs.

Avec le système d'économie dans lequel la commission syndicale est entrée, il est probable que les cotisations à imposer en 1879 seront limitées au chiffre de 9,000 francs. On est donc arrivé à une imposition réduite au tiers de celle des premières années, avec une dette peu considérable qui sera complétement éteinte en 1884, sans augmentation de taxe.

Il faut avouer qu'on n'a pas toujours été heureux dans les résultats obtenus. Là, comme dans toutes les entreprises de ce genre, des difficultés sérieuses se sont présentées: les questions si complexes du régime des torrents n'ont pas trouvé, de prime abord, des solutions satisfaisantes et pratiques. On doit reconnaître toutefois que l'état actuel des choses est incomparablement plus satisfaisant qu'au début de l'association et sous les commissions d'autrefois. Les travaux de défense, améliorés avantageusement sur certains points, sont continus du pont de Cognin et de Chambéry au Bourget.

Les avaries qui surviennent ne sont produites que par les crues extraordinaires, malheureusement trop fréquentes ces dernières années, tandis qu'avant les travaux du syndicat, la plaine était envahie de toutes parts par les crues moyennes; d'un autre côté, aussitôt que des brèches surviennent, des ouvrages sont exécutés pour les fermer et pour rendre l'endiguement aussi résistant que possible.

Les travaux exécutés se divisent en travaux de grosses réparations, d'amélioration et en travaux de réparations ordinaires ou de simple entretien. Les premiers ont donné lieu à quatre projets réguliers, savoir:

1° L'endiguement de la rive gauche de l'Hyères;

2° Le redressement du lit de la Leysse, en aval du pont de la Motte ;

3° Le redressement du lit de la même rivière, à Villarcher ;

4° L'élargissement de ce lit, en amont et en aval du pont Ruffier, au Bourget.

Ces quatre projets sont terminés.

On doit comprendre également dans les travaux de grosses réparations ceux qui ont été faits à la suite des avaries causées par les crues extraordinaires et divers autres ouvrages, tels que les réparations d'un chemin de la Motte, le long de ses digues, et du chemin de la Revériaz.

Les travaux d'entretien ordinaires ont été, en moyenne, de 1,000 francs par an ; l'ensemble des travaux de toute nature a donné lieu à une dépense de... 257.780 »

sur laquelle l'Etat a payé, au moyen des subventions, une somme de............. 81.553 »

et le département, au même titre, une somme de................ 11.426 »   92.979 »

La part de dépense supportée directement par les intéressés n'est donc que de.......................... 164.801 »

Il importe de remarquer que le syndicat, s'il n'existait pas avec son caractère actuel et s'il vou-

lait se reconstituer en syndicat libre, sans l'inter-
vention de l'administration, n'aurait plus de part
aux subventions accordées sur les fonds du minis-
tère des travaux publics. Alors le service des ponts-
et-chaussées ne pourrait plus se charger de l'exécution des projets et de l'instruction des réclamations,
et les percepteurs ne pourraient concourir aux recou-
vrements des taxes. Le syndicat serait aussi dans
des conditions beaucoup moins favorables pour tout
ce qui se réfère à l'étude, à l'exécution et à la surveillance des travaux ; il serait obligé d'avoir des
agents spéciaux qui lui coûteraient bien plus cher,
et la confection des rôles comme la rentrée des taxes
se feraient avec des difficultés incomparablement
plus grandes, les poursuites contre les récalcitrants
ne pouvant avoir lieu que par les voies judiciaires.
Il en serait de même des réclamations qui devraient
alors être portées devant les tribunaux ordinaires.

Il est incontestable que les travaux faits ont amé-
lioré l'endiguement des rivières et assuré des ga-
ranties pour l'avenir du syndicat. Il est vrai qu'on
aurait pu procéder avec plus d'économie en suppri-
mant les pierrés et les enrochements des travaux
exécutés sur la Leysse, en aval du pont de la Motte
et près de Villarcher. La somme ainsi économisée
s'élèverait à 34,000 francs environ et aurait pu être
appliquée à d'autres améliorations utiles. Mais si l'on
a exécuté ces travaux dans ces conditions, c'est que

l'on a cru obtenir de bons résultats, en présence d'ouvrages semblables construits avec succès pour d'autres torrents. Avec les études et la connaissance chaque jour plus grandes du régime des eaux de ces deux rivières, on arrivera désormais à faire des travaux plus utiles en dépensant moins.

La plus grande partie des charges que supporte le syndicat sont relatives aux travaux de défense. Les dépenses faites en dehors des travaux sont limitées au strict nécessaire ; il est alloué chaque année :

Au cantonnier surveillant............... 600 »

Aux ingénieurs pour la rédaction des projets et la haute direction des travaux.. 300 »

Au conducteur chargé des visites et de la surveillance des travaux de toute nature.. 500 »

Au secrétaire........................... 300 »

Au percepteur, en moyenne............. 500 »

Contrairement à ce qui a pu être allégué, en dehors des allocations que je viens d'indiquer de 300 et de 500 francs, MM. les ingénieurs et le conducteur surveillant ne perçoivent aucune remise, aucun honoraire, à raison de tant pour cent sur les projets présentés et exécutés chaque année, quelle que soit leur importance.

Des honoraires calculés au 4 pour cent n'ont été alloués à MM. les ingénieurs que pour les premiers grands travaux exécutés avant 1869, alors qu'aucune allocation spéciale ne figurait dans les budgets. Ils se sont élevés à la somme totale de 4,888 fr. 80 cent.

Les travaux sont limités depuis une année aux seules réparations ordinaires, dans lesquelles est comprise la fermeture des brèches qui peuvent se produire.

Si le chiffre des impositions est maintenu encore dans une proportion un peu trop élevée, c'est afin de pouvoir solder quelques dettes et rembourser un emprunt contracté à la caisse des dépôts et consignations.

La somme restant à payer pour l'emprunt, en capital et intérêts, s'élève à ce jour à 22,115 francs. Le dernier terme est payable en 1884.

Sur les travaux exécutés pour les grosses réparations, il reste à solder une somme de 8,000 francs, dont on sert l'intérêt chaque année.

Pour les indemnités de terrains, il est encore dû près de 14,000 francs.

Pour cette dernière somme, la plus grande portion des ressources est déjà prévue dans le budget primitif et dans les budgets prochains, et par portions successives jusqu'au paiement des deux premières sommes et d'un quart environ de celle destinée à solder les indemnités de terrains.

Ces dettes pourront être payées au moyen de

prélèvements qui seront faits sur les impositions de chacune des années à venir, jusqu'en 1884, et malgré cela, les impositions pourront ne pas dépasser le chiffre de 9,000 fr. Il est bien entendu que, dans ces prévisions, on ne tient pas compte des événements extraordinaires semblables à ceux de 1875 et de 1876, qui ont causé aux travaux de défense des dommages si considérables.

Telle est la situation vraie de cette association syndicale, contre laquelle plusieurs intéressés réclament sans se rendre suffisamment compte de son but, de sa marche, de la nécessité et des difficultés de toute nature inhérentes aux entreprises de l'espèce.

En l'état des choses, serait-il sage, serait-il prudent, serait-il pratique de dissoudre le syndicat ?

Pour répondre affirmativement à cette question, il faudrait avoir oublié toutes les tentatives, tous les efforts faits, depuis bientôt un siècle, pour se mettre à l'abri des effets désastreux des crues des deux rivières dont il s'agit. Il faudrait que la nécessité de continuer des travaux de protection sur les deux rives eût disparu ; que les ouvrages existant actuellement n'eussent plus besoin d'être entretenus et améliorés, et que des brèches ne se produisent plus sur aucun point.

Il faudrait démontrer que les efforts isolés de chaque propriétaire seraient plus efficaces que l'action

commune de tous les intéressés, ou que, par un pro-
dige malheureusement bien rare, on vît tous les
propriétaires accourir spontanément et constamment
au secours de celui d'entre eux qui ne pourrait
suffire à réparer les avaries survenues aux droits
de sa propriété.

Ne se trouverait-on pas, après une dissolution,
dans une situation bien plus désastreuse et difficile
qu'aujourd'hui ?

En effet, pour que l'état des défenses actuelles
ne devienne pas pire, il faut suivre constamment le
mouvement des rivières et faire exécuter, d'une manière continue, les ouvrages d'amélioration ou d'entretien dont le besoin se fait sentir à chaque instant.

Il est indispensable aussi de fermer le plus vite
possible les brèches qui se produisent et d'arrêter
les corrosions qui menacent de détruire les ouvrages
d'endiguement. Or, si le syndicat n'existait plus,
qui ferait exécuter ces travaux ? et, dans le cas où la
force de l'autorité départementale parviendrait à
remplacer momentanément le syndicat, qui voudrait
diriger les ouvrages et surtout comment réaliserait-
on des fonds pour les payer ?

Le syndicat n'est d'ailleurs que la composition
de tous les propriétaires riverains intéressés. Les
syndics élus sont des représentants de tous ces
propriétaires : c'est à eux qu'incombe le devoir de
soutenir les intérêts de l'association dans les tra-

vaux à faire, dans toutes les mesures à prendre. Ils doivent, au sein de la commission syndicale, se faire l'écho des besoins de tous, des droits de tous, du bien de tous. Tous les autres agents auxquels a recours le syndicat pour assurer sa marche ne sont, pour ainsi dire, que des instruments dont la mission est d'exécuter ses décisions quand elles sont conformes aux règlements et qu'elles n'ont rien de contraire au bien général et au bien particulier.

Chaque intéressé peut donc faire valoir ses justes réclamations devant la commission, soit par voie de pétitionnement, soit en s'adressant au syndicat, qui est le plus à portée de connaître ses griefs et de les faire apprécier par qui de droit.

Pour nous résumer, nous dirons qu'en matière de syndicat, comme en toute autre, il est plus facile de critiquer et de détruire que de réformer et d'agir. Nous le répétons, des fautes ont pu être commises en principe; la plus sensible, selon nous, est de n'avoir pas assez ménagé la bourse des contribuables pour entreprendre des travaux de redressement et d'endiguement sur une trop haute échelle; mais serait-il sage, à présent que le syndicat est résolu à ne plus songer à autre chose qu'à liquider son passif et à ne plus faire que les travaux indispensables d'entretien; alors que nous approchons du moment où les dettes du syndicat étant payées, il lui sera permis de réduire son budget annuel à 5,000 francs au plus : serait-il sage, disons-nous, de livrer à l'inconnu le fruit de tant de dépenses et de tant de labeurs ? Ce serait jeter à l'eau tout ce qui a été fait, et nous ne doutons pas que les récriminations dont on charge actuellement le syndicat ne se retournent plus tard contre les promoteurs de la dissolution.

Nous ne saurions, quant à nous, en assumer la responsabilité, et, malgré les sacrifices faits et à faire encore, malgré les imperfections de notre œuvre, nous persisterons à conseiller le maintien du syndicat jusqu'au jour où il nous sera démontré que l'on a mieux à nous offrir.

La législation française, ainsi que nous l'avons dit, ne permettant pas aux administrations municipales de s'occuper de l'endiguement des rivières, ce serait folie de rester complétement à la merci des caprices de la Leysse, qui aurait beau jeu lorsqu'elle n'aurait pour la contenir dans son lit que l'action individuelle et isolée des propriétaires riverains.

Le Directeur du syndicat,
Signé : DE LA SERRAZ.

VII.

A la page 10 de l'Exposé du syndicat de la Leysse et de l'Hyères, M. le Directeur s'exprime ainsi : « Pour répondre affirmativement à cette question, il faudrait avoir oublié toutes les tentatives, tous les efforts faits depuis bientôt un siècle pour se mettre à l'abri des effets désastreux des crues des deux rivières dont il s'agit. »

Il est certain que le syndicat, de concert avec MM. les ingénieurs, a fait tout ce qu'il a pu pour porter remède à une situation désastreuse ; il est évident aussi que les membres composant le syndicat n'ont pas fait de gaîté de cœur des dépenses folles ou inconsidérées. Mais on a agi ici comme on agit à peu près partout pour les travaux de ce genre ; on a fait comme presque tous les médecins : on a appliqué le remède sur la plaie, et encore un remède peu efficace, au lieu d'aller chercher le mal à sa source. Il en est résulté et il en résultera toujours ceci : c'est que, même en guérissant le mal, il reviendra, parce qu'on n'a pas guéri la source du mal. Le syndicat n'a pas employé le remède que je propose dans ce livre et qui, en coûtant moins que l'autre, guérira mieux que lui. Avec mon système, on n'aura pas de si grands travaux à exécuter, pas autant de dépenses à faire et le résultat sera meilleur. Je ne veux point critiquer le syndicat, ni les ingénieurs : quand on fait ce que l'on peut, on fait ce que l'on doit ; mais je dois parler au point de vue de l'intérêt général, et je dis que mon système, s'attaquant à la source du mal, tuera le mal. Il ne suffit pas de sortir de l'École polytechnique, il faut encore

étudier les grandes lois de la nature et avoir l'expérience des choses. J'ai vu et observé les torrents
toute ma vie, et cette étude m'a fait découvrir ce
que les plus gros livres n'auraient pu faire en matière d'inondations. Il faut comprendre que les torrents charrient d'immenses quantités de pierres, de
sable et de gravier descendues des sommets ; que
ces matières s'arrêtent dès que la pente cesse et
forment des amas, des îlots, des exhaussements dans
le lit, qui ne peut plus contenir les grandes eaux des
grandes pluies, et alors les digues ne servent plus à
rien, car elles sont ou emportées, ou submergées.

La *Maison rustique du XIX° siècle* s'est beaucoup
occupée d'irrigations, de desséchements et d'inondations ; elle ne possède rien de remarquable en cette
matière. Page 135, elle s'exprime ainsi : « L'aspect
effrayant du lit des torrents ne doit point faire pré-
juger un volume d'eau trop considérable en rapport
avec la vaste étendue des terrains submergés. Il
faut jauger le volume d'eau aussi bien que possible et ne pas craindre ensuite de réduire le nouveau
lit, s'il doit être encaissé, à la faible largeur nécessaire pour le débit des plus grandes eaux. La
détermination de cette largeur demande de longs
détails que les bornes de cet article ne nous permettent pas de développer ici ; il nous suffira de dire,
comme résultat d'une grande expérience, qu'une
trop grande largeur a les plus graves inconvénients,

et que l'endiguement des torrents est soumis à de nombreuses considérations importantes et délicates qui méritent l'attention des ingénieurs. »

En un mot, depuis des siècles, on a toujours pratiqué à peu près les mêmes systèmes pour empêcher les inondations, systèmes variant selon les ingénieurs, les lieux et les temps. Tantôt ce sont des digues en terre et en gravier, tantôt en pierre de taille, tantôt en jetées, en môles, etc., tantôt en redressant le lit, tantôt en digues vivaces, tantôt enfin en paniers remplis de pierres et appelés gabions. Ne sachant plus que faire, on fait ce que dit la *Maison rustique*, tome Ier, page 126 :

« Jusqu'à ces derniers temps, on avait élevé le long des rivières et torrents des chaussées revêtues d'un pavé que protégeaient des enrochements. La dépense en était considérable, surtout loin des carrières ; ces digues, exposées à des affouillements, avaient besoin d'être souvent rechargées. D'autres ingénieurs, pour forcer les torrents à changer de direction, plaçaient un barrage en travers de son lit ; d'autres lui en ouvraient un nouveau à force de bras. »

Et cependant, malgré tout cela, on le voit, nous sommes encore inondés, et nous le serons longtemps encore si l'on ne change pas de système et si l'on n'attaque pas le mal à sa source. Espérons qu'à la fin, on se rendra à l'évidence.

Pénétré plus que jamais de l'idée que les inondations proviennent des causes que j'ai indiquées, persuadé que la grande inondation de Toulouse venait des mêmes causes, et pour m'édifier sur l'étendue du désastre dans ce pays, j'ai écrit à M. le maire de Toulouse pour qu'il voulût bien m'envoyer la relation de ces inondations, et aussitôt j'ai reçu de ce magistrat les documents suivants qu'il m'a adressés avec beaucoup d'empressement.

VIII.

VILLE DE TOULOUSE.

DÉPARTEMENT DE LA HAUTE-GARONNE.

Inondation du 23 juin 1875.

Rapport de l'ingénieur des ponts-et-chaussées, chargé du service municipal.

La crue de la Garonne des 22, 23 et 24 juin 1875 a été le résultat de plusieurs causes qui ont, les unes, favorisé, les autres, plus spécialement déterminé l'inondation.

Dans la première catégorie, nous devons ranger les pluies persistantes du mois de juin qui ont accru les sources, déterminé un gonflement permanent des rivières et saturé le sol au point de le rendre imperméable et incapable d'absorber de nouvelles quantités d'eau.

Dans la seconde, les pluies d'orages tombées simultanément, sans discontinuité, les 20, 21, 22 et 23 juin, dans tout le bassin de la Garonne et de l'Ariége, et la persistance du vent ouest-nord-ouest qui n'a cessé de souffler pendant la même période.

Sous l'influence de ce vent chaud, les neiges tombées dans les parties élevées des montagnes se sont immédiatement fondues, entraînant en avalanches les couches peu denses qui étaient depuis peu déposées et sont venues joindre leurs eaux de fusion à celles qui étaient déversées en grandes masses par tous les affluents dans le lit du fleuve. Les pluies se sont ainsi partagées de l'ouest à l'est, provoquant d'abord la crue de la Garonne ; puis, et à bien peu d'intervalle, la crue de l'Ariége qui est venue se superposer, à Portet, à celle de la Garonne et produire le gonflement final qui a si subitement envahi la plaine de Toulouse.

Ainsi, la crue, comme nous pensons pouvoir le démontrer, est le résultat de la saturation du sol et des pluies et des neiges tombées les 21, 22 et 23 ; la fonte des neiges préexistantes a eu une influence accessoire, et n'a point joué, dans ce cataclysme, le rôle qu'on serait tenté de lui attribuer.

Marche de la crue.

La crue s'est manifestée, dès le lundi 21 juin, d'une manière très-sensible. A dater de ce moment, un poste de pompiers permanent, installé à Saint-Cyprien, a été chargé de suivre ses progrès, en même temps que le gardien des filtres de Portet était avisé de rester à son poste autant qu'il serait possible.

La crue est restée à peu près stationnaire ou légèremeut ascendante jusqu'au mardi soir, 8 heures. A minuit, nous avons constaté une élévation graduelle de 0 m. 05 c. par heure ; à 3 heures, les eaux s'élevaient de 0 m. 05 c.; à 5 heures, de 0 m. 08 c. ; entre 6 heures et 3 heures, à peu près uniformémen t de 0 m. 14 c. à 0 m. 15 c. A ce moment, la crue prenait des proportions des plus redoutables ; le premier batardeau construit avenue de Muret, à la Croix-de-Pierre, était surmonté et les eaux montaient de 0 m. 30 c. à 0 m. 35 c. par heure. A 4 heures et demie, le second batardeau de l'avenue de Muret, construit dans le but de donner aux habitants de Saint-Cyprien le temps d'échapper au désastre, était à son tour franchi. A 5 heures, les eaux se déversaient sur le cours Dillon et franchissaient la balustrade qui le limite. Le batardeau de la rue Viguerie, élevé dans la nuit du 22, résistait encore, mais les eaux, qui avaient envahi l'hospice, commençaient à faire irruption dans les quartiers bas de Saint-Cyprien; la ruine de la Croix-de-Pierre était à peu près consommée.

Une heure plus tard, Saint-Cyprien était envahi.

A 8 heures, la crue faisait un dernier effort et s'élevait encore de 0 m. 20 c. malgré l'immense superficie couverte avant de décroître.

Il était environ 10 heures du soir quand elle atteignait son maximum. L'échelle des écluses de l'embouchure marquait 9 m. 47, tandis que les crues régulièrement observées jusqu'à ce jour avaient seulement atteint au même repère :

En 1778, 7 m. 88.
En 1835, 7 m. 50.
En 1855, 7 m. 25.

La crue est restée à peu près stationnaire jusqu'à 11 heures. A dater de ce moment, l'abaissement a été très-rapide. Le jeudi, à 5 heures du matin, les voitures d'artillerie pouvaient déjà, en ayant toutefois de l'eau jusqu'aux moyeux, pénétrer dans la rue de Bayonne. A midi, les eaux s'étaient abaissées de 2 m. 70, et le soir, les rues étaient en général praticables. Le vendredi matin, les travaux de déblaiement étaient entrepris dans tous les quartiers inondés.

Pendant que la crue suivait, à Toulouse, les diverses phases que nous venons de signaler, au confluent des deux rivières, à Portet, le gardien commis à ce service recueillait les renseignements suivants :

Dès minuit, dans la nuit du 22 au 23, la Garonne couvrait le plancher du rez-de-chaussée de la maison du garde. La crue paraissait due aux eaux provenant de la Garonne. Le mercredi matin, la crue de l'Ariége était devenue très-apparente vers 2 heures ; le courant de la Garonne dominait encore le courant de l'Ariége ; mais, à 4 heures, la crue de cette rivière prenait une intensité telle que ses eaux jaunâtres chassaient et rejetaient la Garonne sur la rive gauche et déterminaient, par cette adjonction subite, la crue de 5 heures qui amenait la chute de Saint-Cyprien. A 9 heures, l'abaissement des eaux était sensible et suivait la même marche qu'à Toulouse.

De la comparaison de ces deux faits, il résulte :

1° Que la crue de la Garonne s'est manifestée à Portet 5 heures avant celle de l'Ariége ;

2° Que la période de crue maximum à Toulouse correspond cependant à la période de crue maximum de très-courte durée de l'Ariége qui s'est produite entre 4 et 9 heures à Portet, et a été sensible à Toulouse entre 5 et 10 heures.

3° Que, par conséquent, la crue de la Garonne a été relativement lente et régulière dans sa marche, et que la plus grande partie des désastres survenus doit être attribuée à la marche et au régime spécial des eaux de l'Ariége dans cette circonstance.

Effets produits.

209 personnes ont été noyées ou écrasées dans la commune de Toulouse.

198 ont été ensevelies dans le cimetière, à Toulouse.

Une personne a été ensevelie dans le cimetière, à Portet.

7 personnes ont été ensevelies dans le cimetière, à Blagnac.

3 personnes ont été ensevelies dans le cimetière, à Auerville.

Deux militaires sont morts victimes de leur dévouement.

On a enfoui, jeté dans la Garonne ou livré aux équarrisseurs :

200 à 210 chevaux ;

35 porcs ;

15 vaches ;

12 chiens.

Les deux ponts de fil de fer et une partie du pont du chemin de fer d'Empalot ont été détruits, les murs du quai ont été affouillés, les chaussées du

moulin Vivert et du Bazache dangereusement atta-
quées, les filtres de Portet et du cours Dillon corrodés, une salle de l'hospice de la Grave s'est écrou-
lée; des lézardes, peu dangereuses toutefois, se sont
ouvertes à Saint-Jacques.

Sur les 2,212 maisons comprises dans les quartiers inondés, 1,141 se sont écroulées, 346 devront
être reconstruites.

Les pertes immobilières subies dans la seule commune de Toulouse, par la ville ou les particuliers,
peuvent être évaluées à 11,270,000 fr. Certaines
rues ont été particulièrement affouillées, les allées
de la Garonne entièrement ravinées jusqu'à 6 m. de
profondeur. Des bancs de sable et de gravier ont
remplacé les terres arables et les ramiers. Dans le
quartier dit *des Sept-Derniers*, 30 hectares ont été
couverts d'une couche de sable et de cailloux roulés qui varie de 0 m. 50 c. à 1 m. 50 d'épaisseur.
La superficie couverte par les eaux dans la commune de Toulouse est de 3,250 hectares environ ;
la plus grande largeur qu'a atteinte la Garonne est
de 3,120 m.; le débit maximum que nous avons cal-
culé, au moyen de profils en travers et en long re-
levés entre les deux points où la crue a été soigneusement repérée et où aucun obstacle naturel ou arti-
ficiel ne gênait son développement, peut être évalué
à 13,150 mètres cubes, correspondant à une section
de 3,700 m.

Si on compare ce débit au débit normal de la Garonne, à l'étiage élevé à 60 m., on voit qu'il est 220 fois plus considérable. En appliquant les mêmes calculs aux sections et aux profils correspondant aux différentes heures des journées des 22, 23, 24 et 25, on peut taxer la courbe des hauteurs et des débits.

L'examen de la courbe des volumes conduit aux résultats suivants :

Ier.

Volume d'eau écoulée entre le 22, 8 h. du matin, et le 23, 8 h. du matin.......... 1.142.640.000 m.

Période de 3 jours.

Volume d'eau écoulée entre le 22, 8 h. du soir, et le 24, 8 h. du soir.................... 917.000.000 m.

Période de 48 heures.

Volume d'eau écoulée entre le 23, 3 h. du soir, et le 24, 3 h. du matin.................... 435.000.000 m.

Période de 12 heures.

Volume d'eau écoulée entre le 23, 9 h. du soir, et le 23, 11 h. du soir.................... 93.600.000 m.

Période de 2 heures.

II°.

Débit maximum correspon-
dant à la crue du 23 juin 1875.   13.150 m.

Débit maximum correspon-
dant à la crue de 1835.......   4.600 m.

Débit maximum correspon-
dant à la crue de 1855.......   4.350 m.

Si on rapproche ces résultats des données fournies par les stations météorologiques et si on observe que le maximum de la crue, en chaque point
de son parcours, a concordé avec la période des
pluies les plus abondantes, on peut aisément calcu-
ler la part respective que la pluie et la fonte des
neiges ont eue dans l'inondation. La superficie du
bassin hydrographique de la Garonne, arrêtée à
l'amont de Toulouse et déterminée sur les cartes de
Cassini, est de 10,240 kil. carrés.

La hauteur d'eau moyenne (correspondant aux
trois jours d'inondation) tombée dans la région
sous-pyrénéenne est de 150 millim., produisant un
cube de 1,536,000,000 mètres cubes. Il est difficile
d'admettre, vu l'état de saturation du sol, que plus
d'un tiers des eaux tombées ait été absorbé par les
terres ou évaporé ; 1,024,000,000 mètres cubes ont
donc été fournis par les eaux des pluies pendant la
période de trois jours qui sert de base à notre

calcul. Le cube total écoulé pouvant être évalué à 1,142,640,000 mètres cubes, la différence entre ces deux chiffres, soit : 118,000,000 mètres cubes, mesure le volume maximum des eaux descendues des glaciers. Ce résultat confirme absolument le fait que nous avons annoncé : que la crue était surtout due aux pluies tombées dans la région sous-pyrénéenne et, dans la plaine, les eaux provenant de la fonte des neiges, ayant à peine fourni la dixième partie de la masse liquide qui s'est écoulée à Toulouse dans la limite de temps ci-dessus indiquée.

Moyens préservatifs.

Après un désastre aussi épouvantable, le public s'est vivement ému des travaux qu'il serait possible d'exécuter pour prévenir à jamais le retour de pareils malheurs. On a proposé successivement d'endiguer la Garonne sur une très-grande longueur ou de creuser un canal de secours, d'enfermer Saint-Cyprien dans un vaste boulevard, de créer dans les Pyrénées des réservoirs capables d'emmagasiner une partie de la crue, d'activer enfin le reboisement des montagnes.

Nous ne pensons pas, quant à nous, que ces travaux soient d'une exécution pratique et susceptibles de sauvegarder les quartiers que leur position topographique place dans la zone inondable, au moins contre des crues aussi considérables que celle de 1875.

Nous allons essayer de développer les raisons essentielles qui nous conduisent à les combattre.

La Garonne, à 10 h. du soir, charriait environ 13,500 mètres cubes d'eau par seconde ; l'endiguement de la rive gauche du fleuve, au droit de Toulouse, aurait eu pour effet de faire passer cette masse considérable de liquide dans un étranglement de 200 mètres. Il eût résulté de ce fait un gonflement des eaux et un accroissement de vitesse. L'application des formules hydrauliques habituellement en usage nous démontre que le gonflement maximum eût atteint, à l'ancien Château-d'Eau, la cote 141^m 500 au-dessus du niveau de la mer, la vitesse moyenne 9 m. 00 par seconde et la vitesse maximum 12 m. 00. Dans cette hypothèse, la crue se fût élevée de 1 m. 80 au-dessus du niveau atteint et eût risqué de submerger et d'anéantir les quartiers de la rive droite, respectés jusqu'à ce jour. La création des défenses de la rive gauche aurait donc pour première conséquence la construction, soit le long de la Garonne, soit le long des canaux d'amenée et de fuite qui traversent Toulouse, de nouveaux quais, la surélévation de ceux déjà existants et le prolongement de ces endiguements jusqu'à la limite du gonflement, soit 10 kil. en amont du Pont-de-Pierre.

Ces constructions, extrêmement coûteuses, seraient d'ailleurs plus dangereuses qu'utiles. Le
courant, ainsi que nous l'avons fait remarquer,
acquerrait une vitesse telle qu'il renverserait les
ponts, détruirait les chaussées et s'ouvrirait certai-
mement, dans les digues, des brèches au travers des-
quelles les eaux se précipiteraient en torrents dans
les quartiers à préserver.

Ce travail n'accroîtrait pas la somme des acci-
dents à redouter, mais ne porterait pas, non plus,
un remède efficace à la malheureuse situation qui
semble faite désormais au faubourg. Il aurait son
origine au droit du pont d'Empalot, couperait le
polygone et se jetterait dans la Garonne à l'embouchure. En supposant que sa section transversale fût
considérable, qu'elle atteignît même 500 mètres
carrés (5 m. de profondeur sur 100 m. de largeur),
sa pente longitudinale ne pouvant être guère plus
rapide que celle de la Garonne, il ne débiterait que
1,600 mètres cubes environ à la seconde et ne ferait,
en conséquence, baisser le plan d'eau pendant une
crue comparable à cette du 23 que de 20 à 22 cent.
Ce résultat insignifiant serait obtenu au moyen
d'une dépense que nous ne pouvons évaluer exacte-
ment à cause des acquisitions de terrains auxquelles
ce projet donnerait lieu, mais qui ne serait pas inférieure, dans l'hypothèse que nous avons admise,
à 7 millions.

Enceinte continue.

Une enceinte continue qui suivrait le cours Dillon, la limite des hôpitaux, la rue du Martinet et les allées de la Garonne, et aurait un développement d'environ 2,500 m., serait certainement susceptible de préserver, si elle était établie dans de bonnes conditions de solidité, tout le pâté de maisons enveloppé qui forme, d'ailleurs, le cœur du faubourg. La dépense pourrait être estimée, en tenant compte des difficultés de fondations que l'on rencontrerait dans la partie comprise entre la tête du Pont-de-Pierre et l'extrémité de la rue du Martinet, à 2 millions de francs.

La dépense serait double si on désirait préserver la partie de la ville comprise entre la Garonne et le mur d'octroi, c'est-à-dire tout le secteur submersible de la ville proprement dite. Cette dépense, si les travaux étaient solidement exécutés, serait certainement excellente ; malheureusement, dans le premier cas, on rejetterait les eaux sur la partie non investie du faubourg, dont on assurerait la ruine ; dans le second cas, on rétrécirait la section d'écoulement et on risquerait, ainsi que nous l'avons démontré plus haut, de détruire une grande partie de la ville et tous les ouvrages d'art construits sur la Garonne.

L'utilité des réservoirs est incontestable, surtout

pendant les années de sécheresse ; je ne pense pas que leur rôle soit bien efficace pour combattre les inondations de printemps comparables à celle du 23 juin. Construits, jusqu'à ce jour, pour remédier à la pénurie d'eau qui se fait sentir du mois de juillet au mois de septembre, ces vastes bassins recueille-raient, au printemps, à la fonte des neiges, les eaux qui s'écoulent des montagnes et seraient ainsi géné-ralement remplis à l'époque même où se produi-sent les crues.

Les eaux torrentueuses qui s'écoulent des mon-tagnes n'entreraient donc dans ces réservoirs que pour les traverser et en sortir en cascades, immé-diatement après.

En nous plaçant dans l'hypothèse la plus favora-ble, en supposant que, par suite de prévisions ha-bilement et heureusement calculées, malgré les pluies incessantes qui précèdent toujours les grandes crues, ils fussent vides au moment de la crue, ils ne pourraient encore que recueillir les eaux fournies par les neiges, c'est-à-dire une fraction très-faible de la crue, ainsi que nous l'avons démontré plus haut. Remarquons d'ailleurs que, alors même que ces vastes bassins pourraient utilement combattre l'inondation, l'intérêt des sommes dépensées pour leur construc-tion, sommes que nous ne pouvons évaluer à moins de 40 millions, atteindrait bientôt un tel chiffre qu'il serait absolument hors de proportion avec les sinistres séculaires qui se produisent, et que le placement d'un pareil capital, comme fonds d'assurance contre les inondations, serait certainement d'un effet plus sûr, pour les malheureux que doit atteindre le prochain fléau, que le barrage des vallées pyrénéennes.

Reboisement.

Ce travail, excellent également comme pratique forestière, peut avoir une très-salutaire influence sur le régime normal des cours d'eau et doit être recommandé à tous les points de vue. Mais, il faut bien le dire, ce ne sont pas les montagnes seulement qu'il faudrait reboiser pour éloigner indéfiniment les crues, ce serait peut-être les plaines entières qui forment les bassins de la Garonne et de l'Ariége. Or, quels sont les propriétaires qui, en vue de ce résultat, consentiraient à rétrograder de mille ans, à échanger leurs terres à blé et même à seigle contre des forêts et des taillis ?

Conclusion.

Quant à nous, nous ne pensons pas qu'il y ait lieu de s'arrêter à aucune des solutions que nous venons de discuter. La réalisation de pareils programmes peut être dangereuse, quelquefois inutile, toujours très-coûteuse. Le rôle de l'autorité, en pareille circonstance, ne consiste pas tant à faire exécuter des travaux défensifs généraux, qui peuvent toujours être surmontés, qu'à forcer chaque particulier, chaque habitant à donner à sa demeure une stabilité qui lui permette de résister aux plus hautes eaux et à prévenir, après avoir étudié la cause de la ruine partielle de chaque immeuble, les modes de construction qui doivent en prévenir le retour.

Les maisons de Saint-Cyprien étaient, en général, mal bâties ; l'abus du mortier de terre, de briques crues dans les murs de refend, l'emploi de matériaux de qualité inférieure et de mauvaise chaux grasse dans les façades, ont entraîné la ruine de toutes les maisons qui se sont effondrées. Les eaux ont agi, en ce cas, en détrempant et en dissolvant la base des murs qui, le plus souvent, n'ont même pas eu à supporter l'action des courants.

Il est donc indispensable, et c'est là, selon nous, le salut, de prescrire, pour les fondations et les deux premiers étages, l'emploi exclusif, dans la construction de tous les murs, de briques de bonne qualité ou de moellons appareillés et de mortiers de chaux hydraulique. Les murs mitoyens, quelle que soit la hauteur des maisons, devront, en tous cas, présenter des dimensions qui permettront aux copropriétaires de les surcharger et de les surélever mê-

me, s'il est nécessaire. Ces simples précautions, qui
ne sont que l'application des règles les plus simples de la pratique des constructions, doivent suffire. De nombreux exemples, pris dans les villes qui
bordent des fleuves à débordements fréquents et tout
près de Toulouse, aux filtres de Portet, en sont la
preuve surabondante. On sait, en effet, que la maison du garde, élevée à l'extrémité-aval des filtres,
sur le gravier même où ils sont établis, est simplement construite en briques et chaux hydraulique.
Cependant, bien qu'elle ait été entourée par les
eaux, dès la nuit du 22, et que la nuit du 23 elle
ait été entièrement noyée; bien que, placée au milieu des courants combinés de la Garonne et de
l'Ariége, qu'elle ait été affouillée circulairement sur
5 mètres de profondeur et ait reçu des coups de bélier
qui ont ébréché les angles opposés au courant, elle
ne présente aucune trace d'insolidité.

Comme il convient néanmoins de tout prévoir et
que l'on ne saurait trop multiplier les chances de
salut, nous demanderions, au cas où une crue subite
rendrait nécessaire l'évacuation du faubourg, qu'il
soit créé, dans l'intérieur même, des lieux de refuge
où l'on pourrait mettre à l'abri de tous dangers
ceux des habitants qui n'auraient pas eu le temps de
se retirer à Lardenne ou de traverser le pont. Ces
refuges seraient reliés aux principales artères, au
moyen de câbles passés dans des anneaux de fer

scellés aux murs de face des maisons riveraines. Deux bateaux de sauvetage, remisés au poste des pompiers, compléteraient les engins de secours.

En dehors de ces mesures de garantie personnelle, nous demanderions, pour éviter l'envahissement du faubourg par des crues analogues à celles qui se sont produites en 1827, 1835 et 1855, la construction, le long de la route nationale n° 21, et au droit du cimetière Rapas, d'une digue submersible par de plus hautes eaux. Cette digue, qui aurait environ 500 mètres de longueur et 1 mètre de hauteur maximum, ne maintiendrait la Garonne qu'autant que son débit ne dépasserait pas 5,000 mètres cubes.

Les fenêtres des hospices de la Grave et de Saint-Jacques, murées à une hauteur correspondante à celle qui serait adoptée pour la digue, compléteraient le système de défense qu'il convient, selon nous, d'exécuter; car, il ne faut pas l'oublier, l'exagération de l'endiguement du lit par des quais insubmersibles, la construction d'un mur d'enceinte trop développé auraient pour conséquence la ruine certaine et complète du faubourg du Pont-de-Pierre et des chaussées, l'arrêt des moteurs du nouveau et de l'ancien Château-d'Eau et la rupture des conduites d'eau filtrées qui alimentent la ville.

Certainement, en construisant des bassins, en reboisant la chaîne des Pyrénées, on ferait un travail essentiellement utile et protecteur, mais on n'arrêterait, on n'atténuerait même pas les ravages causés par un fléau qui ne peut être comparé qu'au ras-de-marée ou aux tremblements de terre, qui portent tour à tour, dans tous les pays, la mort et la désolation. Il ne convient même pas d'endormir les populations et de leur dissimuler le danger qu'elles courent. Que les habitants, qui vont repeupler les zones inondées, ne cherchent pas dans des travaux généraux, mais particuliers, la sécurité que peuvent seules donner des habitations solidement construites et soigneusement entretenues, et qu'ils apprennent surtout que toute crue pouvant être dépassée par une crue ultérieure, ils doivent se mettre prudemment en garde contre tout gonflement de la Garonne signalé comme dangereux et abandonner, sans hésitation, leurs habitations avant que les eaux ne leur aient rendu toute fuite impossible.

En résumé, après avoir subi dans toutes ses phases la crue du 23 juin 1875, après en avoir étudié les effets, nous sommes d'avis qu'il n'est pas possible de combattre utilement des crues supérieures à celles de 1835 et 1855 ; mais qu'en suivant rigoureusement les indications très-simples que nous fournissons, on peut à tout jamais éviter le retour des désastres dont Toulouse a été témoin et victime.

Toulouse, le 3 avril 1875.

L'ingénieur des ponts-et-chaussées chargé du service municipal,

DIEULAFOY.

DEUXIÈME PARTIE

CHAPITRE Ier.

Moyen de prévenir les inondations ou de s'en préserver.

Le moyen de se préserver des inondations est, à mon avis, très-simple, ainsi qu'on va le voir, et non seulement mon système préservera les générations présentes, mais celles à venir, et avec bien moins de frais que les digues, les chaussées, qui demandent un entretien continuel et qui, souvent, ne servent à rien.

Ainsi que je l'ai dit à la première partie de ce livre, il ne s'agit pas de guérir la plaie en y appliquant le remède, il faut aller à la source du mal et prévenir cette plaie ; autrement, on dépensera beaucoup et le mal reviendra toujours. La première chose à faire est de remonter les fleuves, rivières, torrents, ruisseaux en les examinant attentivement, afin de trouver les points favorables à l'application de mon système. Il faut remonter à la source, à la naissance de ces cours d'eau qui se trouvent tous, ou à peu près, dans les montagnes et les points élevés; s'attacher surtout à trouver les endroits les plus étroits, les plus resserrés où l'eau fait chute et où le système peut s'appliquer avec le plus d'économie.

Les torrents, les rivières, les ruisseaux, situés au pied des montagnes ou des coteaux, se sont creusé un lit profond où ils ont rencontré de temps en temps des bancs de matières très-dures et variées, telles que rochers, calcaires, grès, molasse, silex, poudingues, etc..., selon les pays. Il y a des cours d'eau qui, à divers endroits, ont le double de leur largeur ordinaire; cela vient de ce que les eaux ont trouvé des couches friables, se décomposant et fusant sous l'action de l'élément humide, de la chaleur ou du froid; de là des éboulements sur les deux rives, formant de hauts talus ou côtes qui sans cesse se détériorent, se dégradent et descendent dans le lit du torrent.

Mais là où les eaux ont trouvé les corps durs cités plus haut, elles n'ont pu les endommager et elles ont été obligées de passer autour ou dessus en les respectant. De là aussi des espaces plus étroits à ces endroits, et c'est là qu'il faut appliquer le remède ou le système que je préconise, parce que là les travaux exécutés seront plus solides et aussi beaucoup plus économiques, étant moins longs, moins grands et favorisés par la nature. C'est donc dans ces endroits resserrés que l'on devra tracer un arc représentant le quart d'une circonférence, de façon que la courbe de l'arc soit en amont. Dans la forme de l'arc tracé, on préparera un fossé servant de fondation, et on creusera les côtés des talus ou pentes jusqu'aux corps durs, pour servir de culées qui seront des points d'appui ou de résistance. On construira un mur dans la forme du tracé servant de fondation et on le montera en gardant toujours le quart de circonférence consolidé par un talus en aval. Le tout sera construit avec de gros matériaux, surtout aux extrémités et au sommet du mur, pour éviter les dégradations par la corrosion des eaux ; on donnera à ces murs de soutènement ou barrages une hauteur en proportion avec la largeur du torrent, sans pour cela les élever bien haut.

Ces murs de barrage coûteront bien moins cher que des murs ordinaires élevés ailleurs, parce qu'on trouvera sur les lieux mêmes tous les matériaux les plus durs et les plus convenables pour ces sortes de constructions, ainsi que le gravier et le sable nécessaires à la confection du mortier.

En moyenne, l'épaisseur des murs de barrage devra être d'un mètre ; mais on pourra les faire un peu plus larges, selon la largeur du lit du torrent. Ces murs, qui coûtent 12 fr. le mètre cube, peuvent être faits dans ces lieux à 9 fr., en raison des matériaux que l'on y trouve tout transportés. Ce système, qui est une réforme complète de tout ce qui a été fait jusqu'à ce jour, supprime les digues, sauf dans les villes et les bourgs, parce qu'avec lui les torrents, les rivières, les cours d'eau creusent eux-mêmes leurs lits au lieu de les exhausser. Pour cela, il suffira de créer dans chaque torrent des barrages ou murs de soutènement dans la forme expliquée ci-dessus et d'une hauteur de 8 mètres environ, selon l'importance du torrent, et en choisissant les endroits les plus resserrés entre les coteaux ou au pied des montagnes.

II.

Dépense de deux barrages dans un torrent quelconque.

Contenance de matières graveleuses que retiendront ces deux barrages.

Un barrage d'une hauteur de 8 mètres, d'une largeur de 10 mètres sur un mètre d'épaisseur, donnera 80 mètres cubes de maçonnerie qui, à 9 francs le mètre cube, fera 720 francs. Total pour les deux barrages : 1,440 francs.

En plaçant les barrages dans les endroits les plus resserrés du torrent, il y a au-dessous une excavation ordinairement de plus du double de la largeur de cet endroit ; on aura un grand avantage, parce que cette excavation, produite par la corrosion des eaux, contiendra une plus grande quantité de matières graveleuses.

La pente des torrents varie ; elle est en général de 3 à 5 mètres par 1,000 mètres. Or, en prenant la moyenne, qui est de 4 mètres par 1,000 mètres de longueur, en amont du barrage, nous avons 10 mètres de largeur, qui est la longueur du mur, ce qui donne 10,000 mètres carrés de surface, ayant 8 mètres de hauteur de mur. Comme il y a 4 mètres de pente par 1,000 mètres, il y a à déduire 2 mètres sur les 4 mètres de pente ; reste 6 mètres de hauteur, ce qui donne pour contenance 60,000 mètres cubes de matières graveleuses que retiendra un seul barrage. Donc, les deux barrages contiendront ensemble 120,000 mètres cubes. Et comme il y a en amont de ces barrages des excavations aussi grandes ou plus grandes, et que la pente se rétablira après que les réservoirs seront remplis, on peut ajouter, sans exagération, un quart de contenance en plus ; donc 30,000 mètres cubes à ajouter à 120,000 ; les barrages retiendraient au total : 150,000 mètres cubes.

III.

Effets produits par les barrages.

Ils formeront de vastes réservoirs ou bassins, sans

qu'il soit nécessaire de donner un seul coup de pioche, Ces réservoirs retiendront une partie des eaux, et au fur et à mesure que les eaux deviendront fortes, elles y charrieront les pierres qui descendent des coteaux ou des montagnes. Ces déblais prendront la place des eaux, et à chaque crue ces vastes magasins verront les eaux diminuer et les matières graveleuses augmenter.

Citons un exemple.— La Leysse, quoique étant une petite rivière, ne laisse pas que de faire d'assez grands ravages, parce qu'elle a des affluents qui lui envoient des graviers en quantité. Ces principaux affluents sont : 1° les premières branches à partir de sa source; 2° la Doria; 3° le ruisseau du Bout-du-Monde; 4° l'Hyères; 5° le torrent appelé Nant-Bruyant; cinq affluents dangereux qui, tous, apportent leur part de gravier, de sable et de pierres à la Leysse. Il faut, pour arrêter ces matières graveleuses, faire deux barrages dans chacun de ces cinq affluents aux endroits que j'ai indiqués plus haut. La moyenne de ces torrents en largeur est de 10 mètres; la pente en moyenne, à moitié de leur parcours, est de 4 mètres par 1,000 mètres de longueur; ils sont profondément encaissés et la hauteur des murs de barrage serait insuffisante à 6 mètres. Chacun des barrages contiendra 40,000 mètres cubes de matières graveleuses, les deux de chaque torrent en contiendront 80,000 mètres cubes, et les 5 con-

tiendront ensemble 400,000 mètres cubes. Il faut y
ajouter un quart retenu par les excavations naturelles, ce qui donnera 500,000 mètres cubes de gravier. Il n'y a pas à s'occuper de la pente qui se re-
produira plus tard, qui formera une accumulation
de gravier que chaque barrage contiendra en plus.

IV.

**Dépenses des travaux à exécuter pour deux bar-
rages par torrent et pour les cinq barrages
des affluents.**

Nous aurons 10 mètres de mur en longueur par
barrage, sur un mètre d'épaisseur et 6 mètres de
hauteur, qui donneront 60 mètres cubes de maçonnerie par barrage. Les deux murs de barrage égale-
ront 120 mètres cubes de maçonnerie à 9 francs le
mètre cube; total: 1,080 francs par torrent ou affluent
pour les deux murs de barrage, ce qui fera une
dépense totale pour les cinq affluents, soit dix barrages: 5,400 francs.

Comme il est nécessaire de tout prévoir et que
l'on ne saurait multiplier les précautions dans les
travaux de ce genre, il est bon d'enfouir au milieu
de la courbe en cintre du barrage, des matériaux
solides et lourds, en faisant gros de mur et dépas-

sant la ligne du côté d'en-bas, où les eaux auront leur tombée et leur action corrosive.

Dans le cas où ces blocs de matériaux feraient défaut ou seraient insuffisants, on y remédierait en jetant au pied du mur tout simplement des pierres ordinaires en talus, en remontant sous le milieu du barrage pour recevoir la chute des eaux ; après cela, on devra jeter par-dessus quelques sacs de bon ciment mélangé de sable propre pour former un corps compacte qui garantira le mur de la corrosion.

V.

Travaux secondaires pour obtenir un résultat immédiat, sans y revenir plus tard.

Les travaux secondaires ne font pas partie de mon système, mais il ne faut rien négliger pour obtenir un résultat capable de sauvegarder l'intérêt général. Comme de tout temps les torrents ont descendu dans les plaines des quantités de gravier, sable et pierres qui ont encombré les lits, il faut profiter du moment des basses eaux pour opérer les curages, et s'il arrivait que les eaux ne fussent pas partout retirées ou évaporées, on pratiquerait des curages partiels sur divers points, là surtout où il y a des amoncellements, et alors les eaux combleront plus tard ces creux en y amenant leurs graviers. On curerait surtout aux endroits où précédemment les digues auraient fait des ravages. De cette manière, les barrages retenant les graviers et les curages enlevant les graviers précédemment descendus dans les lits, en diminuant la hauteur et les mettant à même de recevoir un plus grand volume d'eau, les riverains les plus exposés aux inondations n'auront plus rien à craindre, parce que les plus grandes crues n'amenant plus de matières et trouvant le lit débarrassé et abaissé, elles passeront librement et rapidement et les riverains seront tranquilles pour bien longtemps. Toutefois, lorsque les barrages seront pleins et déborderont, ce qui n'arrivera que tous les 35 ou 40 ans, alors on devra en construire d'autres. De sorte que ces curages et barrages ne monteront pas à plus de 10,800 francs comme dépense.

La planche ou carte n° 1 montre la Leysse et ses affluents, puis son embouchure au lac du Bourget. Les traits rouges A indiquent les endroits où les barrages doivent être élevés. Et si l'on voulait abréger le curage des torrents, on n'aurait pas besoin de le pratiquer sur toute l'étendue du lit, on pourrait faire des petits barrages au bas des pentes, dans la plaine, en cercle, d'une hauteur de 50 centimètres à 1 mètre pour retenir les graviers du lit dans les lieux un peu encaissés et ne dépasserait pas 15 à 20 centimètres ; de cette façon, les nouveaux graviers prendraient la place de ceux enlevés en aval.

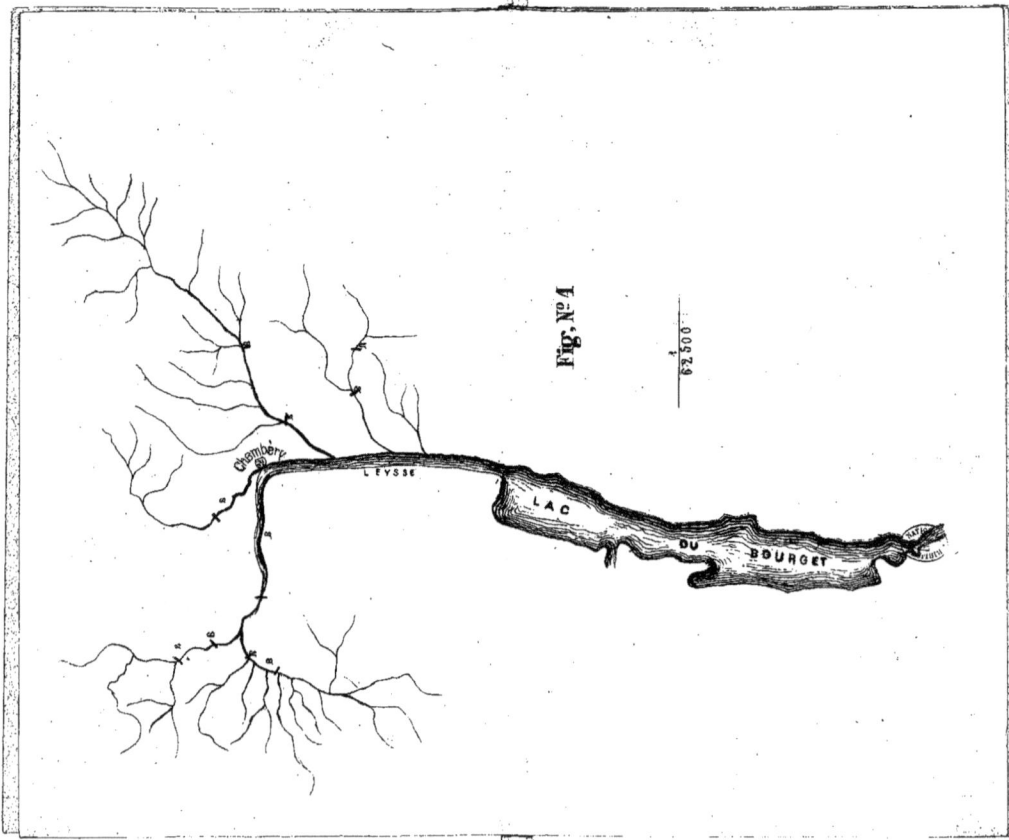

Fig, Nᵒ 1

62.500

Chambéry

LEYSSE

LAC DU BOURGET

VI.

Résumé comparatif avec les dépenses du syndicat de la Leysse et de l'Hyères, sous le rapport économique.

En récapitulant tout ce que le syndicat a retiré des contribuables, des subventions de l'Etat et du département, y compris les sommes empruntées à la Caisse des dépôts et consignations, ainsi qu'on l'a vu dans son exposé, le chiffre de la dépense s'élève à 257,780 francs.

Avec mon système, la dépense pour création de barrages dans les cinq affluents de la Leysse, s'élevant à 5,400 francs, et celle pour les ciments et travaux imprévus à 2,000 francs, plus les dépenses pour travaux de curage, s'élevant à 10,800 francs, font un total de 18,200 francs, c'est-à-dire, sur la dépense du syndicat, une économie de 239,580 francs sans que ces énormes dépenses faites dans la Leysse aient garanti les riverains, contribuables ou autres, des inondations et de leurs ravages, ce qui a forcé ceux-ci à dresser plusieurs pétitions demandant la dissolution d'une société qui n'a servi à rien.

Voici maintenant un petit exemple des matières étrangères que les torrents entraînent avec eux, moins les gros blocs de pierre qu'ils ne peuvent rouler jusqu'à leur embouchure.

M. François Buloz, directeur de la *Revue des Deux-Mondes*, acheta, il y a quelques années, la propriété de Roujaux, à la Motte-Servolex. Cette propriété est confinée au nord par un torrent qui sépare les hameaux de la Villette, de Villarperon du hameau de Roujaux. Ce torrent, entre le hameau de la Villette et celui de Roujaux, a une profondeur moyenne de 140 pieds, et entre les hameaux de Villarperon et Roujaux, une profondeur moyenne de 200 pieds.

Voyant que le torrent dégradait les terres de son côté quoique la rive fût bien boisée, M. Buloz fit construire un mur en forme de digue tout le long de sa propriété. Je fis remarquer à M. Buloz que son mur ne servirait à rien et se démolirait peu à peu par la corrosion des eaux ; mais que s'il pratiquait des barrages, il n'aurait rien à craindre. M. Buloz ne voulut pas m'écouter et il arriva ce que j'avais prévu : c'est qu'au bout de 3 ans, le mur était tombé en grande partie. Plus tard, il se décida à pratiquer les barrages que je lui avais conseillés, et, depuis 1866, plus rien n'a bougé. Les barrages qui furent faits, au nombre d'une dizaine, n'avaient en moyenne que 1 mètre 10 de hauteur, et malgré cela, ils retiennent plus de 200 mètres cubes de gravier, soit un total, pour les dix barrages, de 2,500 mètres cubes.

Autre exemple de l'utilité des barrages. — Il a été créé autrefois, en travers du torrent de Montauzier qui traverse les propriétés de M. le marquis Costa de Beauregard, à la Motte-Servolex, près de son parc, deux barrages ayant en moyenne 3 mètres de hauteur sur 5 mètres de largeur ou longueur. L'un a été construit pour exhausser le lit du torrent en vue d'une prise d'eau qui sert aujourd'hui à l'irrigation et aux besoins du parc; l'autre également construit pour exhausser le lit, afin de pouvoir communiquer d'une propriété à l'autre; ces deux barrages ont élevé le lit à la hauteur des murs, il s'est formé une pente imperceptible en amont et rien n'a bougé: les terrains des deux rives sont restés stationnaires et la végétation y est venue, ainsi que des arbres et arbustes, jusque dans le lit. Ces barrages, tout petits qu'ils sont, ont maintenu en place environ 20 ares de terrain qui sans eux auraient été entraînés.

Autre exemple.— Dans le torrent du Villard, hameau de la Motte-Servolex, un barrage a été pratiqué il y a bien longtemps. On a su le placer à l'endroit le plus étroit, n'ayant pas 4 mètres de longueur sur 3 mètres de hauteur. Ce barrage devait servir de pont, en retenant les graviers, pour pouvoir passer d'un village à l'autre, de Villard à Montauzier; il sert au passage des gens de Saint-Sulpice et de la commune du Bourget en joignant la route du Mont-du-Chat. Il retient environ 8 ares de bons prés, sans compter les terrains de culture plus en amont et qui, sans lui, descendraient infailliblement.

Autre exemple. — Dans la commune de St-Pierre de Chartreuse (Isère), il existe un barrage naturel en travers du Guiers, qui prend sa source dans ces contrées et sépare deux grandes vallées ; ce barrage a été construit dans le but d'exhausser le lit du torrent pour faciliter les communications d'une vallée à l'autre. Sur les remblais qui ont été amenés par les eaux, on n'a eu qu'à placer un aqueduc pour le chemin, et en même temps ce barrage retient les graviers.

A partir du barrage du Villard, en aval, on voit un encaissement qui augmente peu à peu, malgré les couches inférieures du tréfonds, composées de grès et de molasses compactes et dont la profondeur est environ de 150 pieds. Les eaux ont creusé profondément et formé des concavités où il y a des bancs moins compacts les uns que les autres.

Autre observation. — Près d'Aix-les-Bains, commune de Mouxy, il existe un ruisseau qui prend sa source à la montagne. Par sa pente très-prononcée, ce ruisseau avait une tendance à se creuser, et comme il est suivi parallèlement par un chemin de moyenne communication, on a craint qu'il ne fût endommagé ainsi que les terrains riverains. On a eu la bonne idée alors de construire à de certains intervalles des petits barrages de un à deux mètres de hauteur en travers du lit et tous les terrains furent préservés.

VII.

De la quantité de gravier qu'un barrage peut retenir.

Au pied des montagnes de la Grande-Chartreuse, dans le Guiers, à 100 mètres environ de Saint-Laurent-du-Pont, en amont, on a créé un barrage simplement en bois-pilotis rapprochés les uns des autres, auxquels on a adapté des pièces de bois pour retenir les graviers qui descendent, par les grosses eaux, des montagnes de la Chartreuse. On a construit ce barrage pour la prise d'eau qui traverse la partie-sud de Saint-Laurent et qui, par un canal, fait fonctionner une scierie. Ce barrage a environ 14 mètres de longueur sur 3 mètres de hauteur ; il est rectangulaire de sa base à sa hauteur. On voit les pierres et les graviers s'arrêter à sa dernière traverse et l'eau tomber en cascade dans le lit, qui n'a plus de pente. Ce barrage retient environ 40,000 mètres cubes de matières graveleuses ; c'est autant de moins pour le lit de la rivière.

Exemple d'un barrage naturel. — Il y a un barrage naturel qui est remarquable : il se trouve au sud-ouest de Chambéry, à côté de la route de Cognin aux Echelles, et entre les communes de Vimines et de Saint-Thibaud-de-Couz. A partir et en amont de ce barrage est une jolie plaine qui, sans nul doute, doit son existence à ce barrage de la nature. Le terrain y a conservé son assiette naturelle, à une grande distance de là, grâce à un banc de rocher qui forme barrage. Tout autour est fertile et les eaux y arrivent doucement, sans amener aucune matière, tandis qu'en aval, c'est autre chose. Le torrent est encaissé profondément et l'on voit à droite et à gauche de nombreux éboulements occasionnés par les érosions.

CONCLUSION.

Mon système a pour principe essentiel de retenir dans les hauteurs les matières graveleuses, ainsi que les terrains sujets à éboulements et à être entraînés par les eaux, ce qui arrive fréquemment dans les coteaux et les contrées montagneuses. Il s'agit de rehausser le lit des torrents pour en diminuer la pente et laisser au sol sa fertilité première. De cette façon, il sera facile de faire des prises d'eau pour l'irrigation des coteaux qui sont d'une grande fertilité, ainsi que le démontre M. Barral dans son traité sur les irrigations dans le département de Vaucluse.

Il y a encore dans mon système une autre utilité, celle de pouvoir circuler et communiquer d'une commune à une autre ou d'une ville à une autre, sur-

tout pour ceux qui se trouvent près des montagnes
où les torrents profonds les séparent par des ravins
encaissés à une grande profondeur, ce qui les oblige
à faire de grands détours. Les barrages, en effet,
exhaussés par les graviers, peuvent faire des ponts
et des chemins qui coûteront moins de prestation
ou d'impôt, et qui seront d'une grande utilité soit
pour le transport à voiture des moissons, soit pour
la circulation des piétons. N'est-ce pas là une grande
économie et de temps et d'argent ?

Dans les pays ou localités qui ne contiendraient
pas les matériaux pour bâtir des barrages en maçonnerie, on peut construire des barrages en fer et
en bois qui coûteront moins cher et seront plus vite
faits. Il faut former un tracé comme pour les barrages en maçonnerie ; ensuite, l'on draguera dans
la forme que doit avoir le barrage et d'après le
volume des eaux dans les grandes crues ; puis on
introduira des barreaux de fer soutenus par des bras
de fer appelés *valets*, solidement scellés, un peu inclinés dans le lit. On aura soin que ceux placés
dans le milieu du lit soient de 1 mètre moins longs
que ceux de flanc, pour que les eaux touchent toujours dans le milieu du lit. Pour compléter ce barrage, il faut des morceaux de châtaignier ou de chêne.
Pour un barrage de 10 mètres, les morceaux de bois
ne doivent être que de 5 mètres, en les amenant sur
place un peu plus longs parce qu'ils doivent se

joindre dans le milieu du barrage par une coupe dont le point de jonction sera très-juste.

Les pièces de bois seront équarries de trois côtés seulement pour pouvoir les fixer les unes sur les autres contre les barreaux de fer ; on exécutera de chaque côté du torrent, dans les talus, deux tranchées verticales. S'il ne s'y trouvait pas de rochers ou tous autres corps durs, on introduirait dans ces tranchées deux pièces de bois dur pour appuyer les traverses de bois du barrage ; ces deux pièces de bois doivent être équarries d'un côté seulement, celui qui s'appuiera, posées perpendiculairement pour servir de culées aux traverses du barrage, placées par leur bout pour résister à la pression des eaux et au poids des graviers.

On choisira ensuite les plus grosses pierres du torrent, on les placera au pied du barrage contre les barreaux de fer rangées en talus de 1 mètre 50 centimètres, de façon à couvrir les valets en fer. Puis, on brassera quelques sacs de bon ciment avec du sable propre et on l'appliquera sur les pierres rangées en talus pour n'en faire qu'un même bloc que l'eau ne pourra pas ronger. Voir le dessin de la carte n° 2, représentant un barrage de ce genre. La lettre A représente les deux pièces de bois aux extrémités du barrage introduites dans les tranchées verticales contre lesquelles sont appuyées les traverses de bois B, couleur jaune. Les traits verticaux

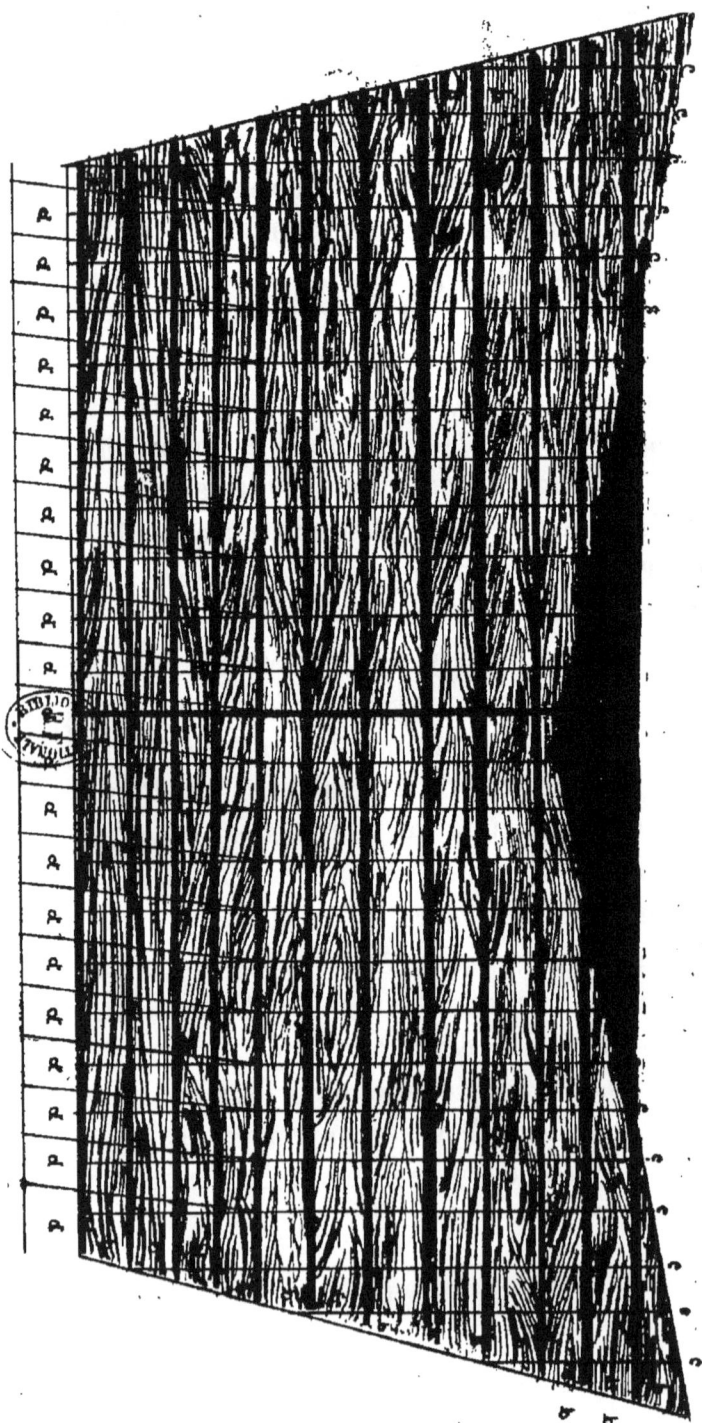

fig N: 2

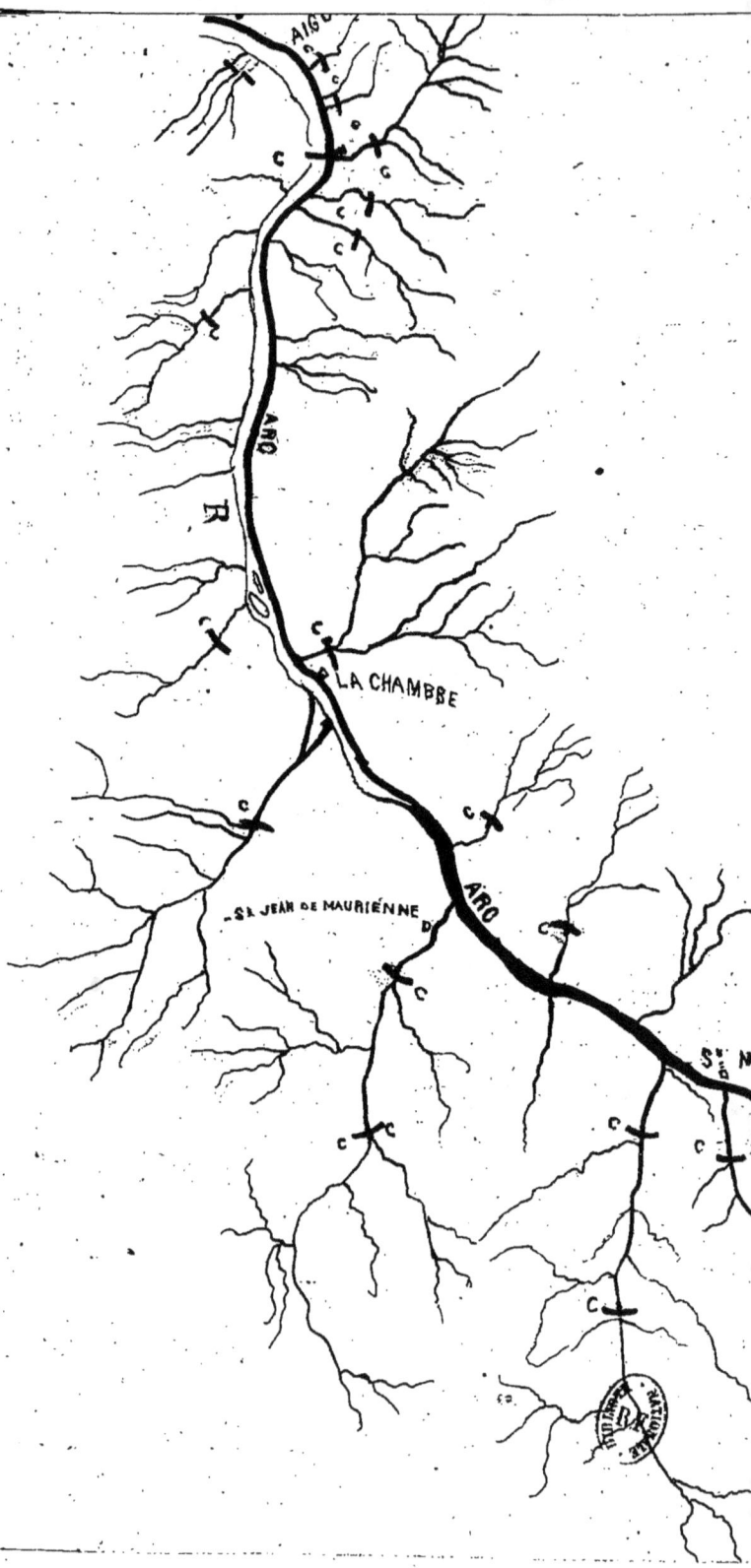

LA CHAMBRE

S?. JEAN DE MAURIÉNNE

ARC

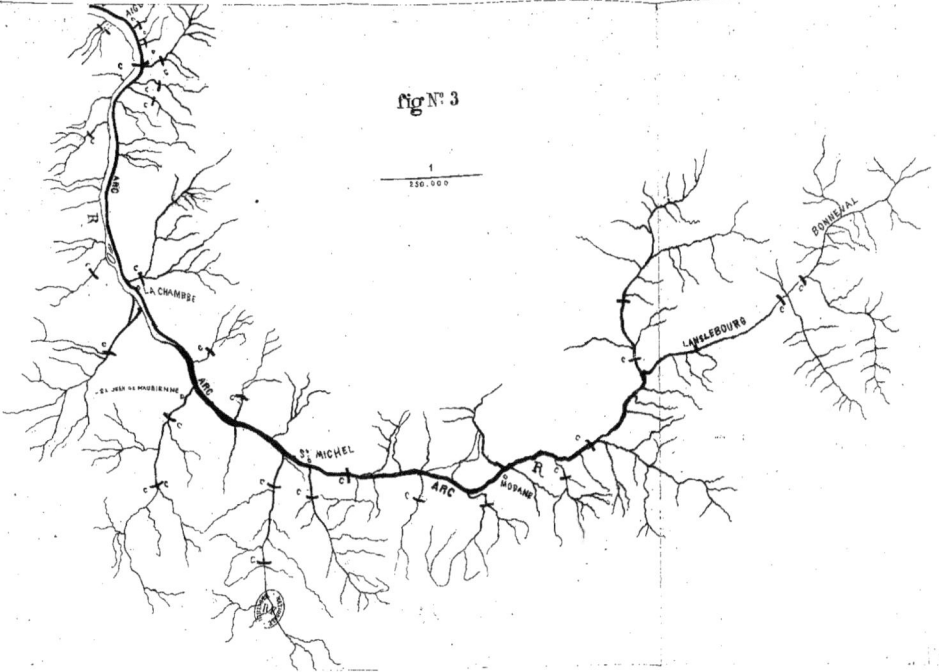

fig N.º 3

$$\frac{1}{250.000}$$

noirs C indiquent les barreaux en fer placés en travers du lit du torrent C, contre lesquelles sont appuyées les traverses de bois, tenues superposées les unes aux autres par 4 barreaux en fer placés derrière les traverses, sans être scellés dans le lit comme les autres.

Je donne pour exemple l'Isère, l'une des principales rivières de la Savoie et qui cause tant de dégâts. Pour se préserver de ses inondations, il faut absolument créer dans tous ses affluents des barrages pour retenir les matières graveleuses descendues des montagnes et des coteaux, et que le courant entraîne en comblant son lit et faisant déborder ses eaux. Voir l'Arc figuré sur la carte n° 3, qui indique les lieux où il faut créer des barrages. Les traits rouges C sont les points approximatifs où ils doivent être placés. L'Arc, on le voit par ses courbes, a dépouillé toutes les rives des terres arables, et avec tous les affluents a ravagé tous les terrains fertiles de la vallée. Des barrages dans ce torrent rendraient de grands services aux riverains.

VIII.

Confection de barrages dans les rivières et fleuves et dans les grands torrents.

Dans certains cas, on pourrait créer des barrages dans le lit des rivières et fleuves sur des points en-

caissés. La longueur des murs de barrage dépasserait de 10 à 15 mètres, comme le sont les barrages
ordinaires dans les torrents. Pour les barrages qui
dépasseraient cette longueur, on ajouterait à gauche
et à droite du lit un mur de barrage en courbe qui
viendrait rejoindre le barrage en travers du lit, en
laissant dans le milieu une largeur suffisante pour
le passage des eaux. Voir la planche n° 5 ; les traits
C, D indiquent la forme et les points où ils devront
être placés. Ces murs, barrages additionnels,
adaptés par côté et en amont, doivent préserver les
extrémités des barrages que les grandes eaux pourraient endommager ; ils seront élevés plus haut que
le barrage en travers, de façon à garantir les coins.

Causes essentielles de l'inondation de Toulouse du 23 juin 1875.

Les pluies persistantes tombées sans discontinuer
les 20, 21, 22 et 23 juin, dans le bassin de la Garonne et de l'Ariége, ont certainement contribué à la
désastreuse inondation de Toulouse. Il est évident
que les pluies tombées simultanément dans les ré-
gions élevées des Pyrénées, où la Garonne prend sa
source, ont imbibé le sol des coteaux et des montagnes en entraînant les terrains et les rocailles dans
le lit des affluents de la Garonne et de là dans le lit
même de la Garonne, jusqu'aux endroits où la pente
cesse et où les matières graveleuses sont forcées de

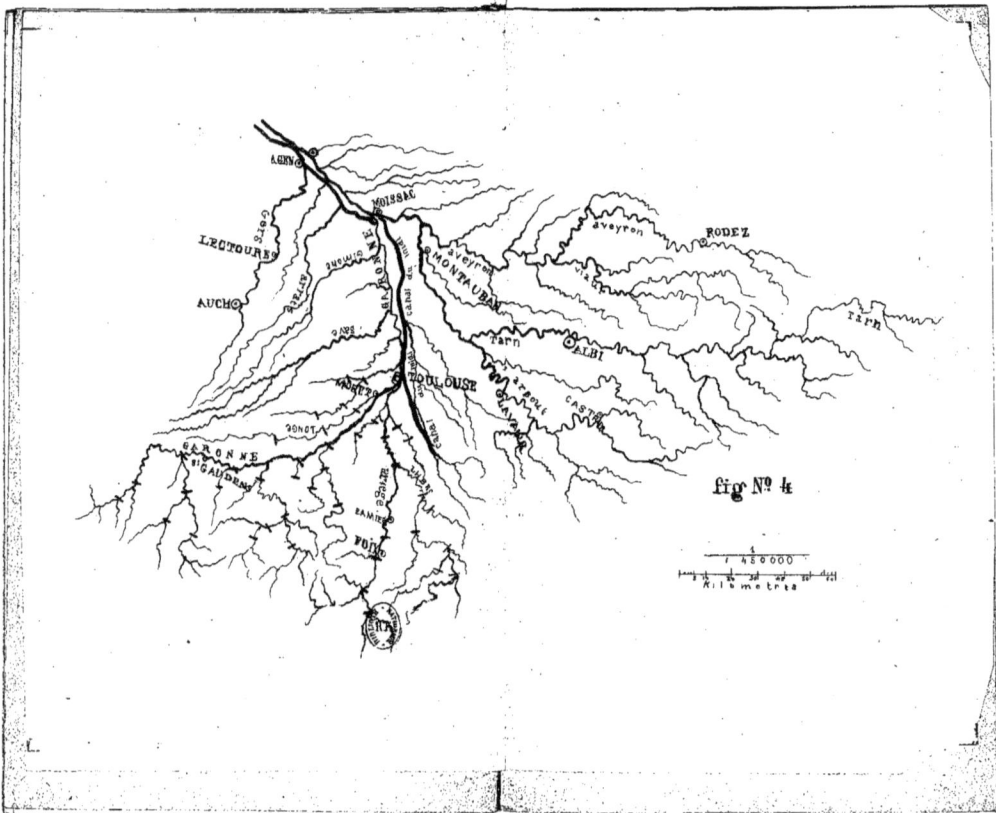

fig Nº 4

$\frac{1}{450000}$

Kilometres

s'arrêter en s'accumulant. Donc, il faut conclure que ce n'est pas seulement la quantité d'eau tombée qui a fait l'inondation, mais la quantité de graviers accumulés dans la plaine qui exhausse le lit et fait déborder les eaux.

A l'appui de mon allégation, je cite une phrase du rapport fait par l'ingénieur des ponts-et-chaussées, sur l'inondation du 23 juin :

« Des bancs de sable et gravier ont remplacé les terres arables et les ramiers. Dans le quartier dit des Sept-Derniers, 30 hectares ont été couverts d'une couche de sable et de cailloux roulés qui varie de 0,50 à 1 mètre 50 d'épaisseur. »

Comme on le voit, la superficie de 30 hectares couverte en moyenne de 1 mètre de sable et de gravier, ce qui fait 300,000 mètres cubes de matières, tout cela a été amené par le courant des eaux sur un espace restreint et déterminé ; rien donc d'étonnant que le lit de la rivière étant exhaussé d'autant, les eaux ont été obligées de passer sur la digue et de déborder, parce que ces graviers, en amont comme en aval, ont formé de nouvelles couches sur les terrains riverains, qui ont provoqué un gonflement.

Moyens de prévenir les inondations de la Garonne.

L'idée de créer dans les Pyrénées des réservoirs capables d'emmagasiner une partie de la crue, ainsi qu'il est dit à la page 12, du rapport de l'ingénieur, était bonne et même excellente : c'était la seule utile, pourvu que ces réservoirs fussent faits dans de bonnes conditions; mais si ce n'était que pour emmagasiner les eaux et les voir sortir de là pour retomber en cascade, une fois les bassins remplis, M. l'ingénieur avait raison de dire que ce serait inutile.

Mais si ces réservoirs ou bassins étaient construits au pied des Pyrénées, dans les encaissements des torrents et dans les conditions que j'ai indiquées pour mes barrages, le résultat serait tout différent; ce qui me fait croire que M. l'ingénieur n'a pas bien saisi la pensée de ceux qui conseillaient ces réservoirs. Il est bien certain aussi que si ces réservoirs étaient creusés par des ouvriers, la dépense s'élèverait à 40 millions, comme le dit l'ingénieur; mais en utilisant les bassins naturels, les excavations des torrents, la dépense serait bien moindre.

Je vais dire ce que coûteraient les barrages dans les Pyrénées pour la Garonne. Il n'y a qu'à construire des barrages dans chacun des affluents de la Garonne et de l'Ariége, en procédant comme je l'ai dit plus haut, c'est-à-dire en choisissant les endroits les plus resserrés et les plus profonds, qui seront autant de réservoirs presque naturels qui ne retiendront pas seulement les eaux, mais les matières graveleuses.

La Garonne et l'Ariége possèdent 25 affluents principaux; dans chacun d'eux, il faut construire deux barrages d'une hauteur de 8 mètres sur 10 de longueur en moyenne, ce qui fera 50 barrages. En admettant que ces affluents aient 4 mètres de pente par kilomètre, la pente de 4 mètres forme un triangle de 4 mètres de base équivalant à un rectangle de deux mètres d'épaisseur, additionnés à 4 mètres d'excédant qui complètent la hauteur du barrage, ce qui donnera un rectangle de 6 mètres d'épaisseur, d'une contenance de 60,000 mètres cubes contenus par chacun des barrages. Donc, deux bassins contiendront 120,000 mètres cubes de matières. Il faut remarquer qu'à la distance d'un kilomètre à partir du barrage, il reste une hauteur de 4 mètres formée par le niveau du barrage, qui donne encore un triangle de 4 mètres de base et qui contiendrait 20,000 mètres cubes de gravier, lesquels, ajoutés aux 120,000 ci-dessus, donnent un total de 140,000 mètres cubes que les deux bassins de chaque affluent contiendraient. Et cela sans préjudice de ce que contiendraient les excavations naturelles des affluents dont la pente diminuerait en même temps. En résumé, les 50 barrages des 25 affluents formeront 50 magasins ou réservoirs qui, ensemble, contiendraient 7,000,000 de mètres cubes de matières graveleuses. Voir la carte n° 4; les traits rouges en travers indiquent les points approximatifs où doi-

vent être construits les barrages dans les affluents
de la Garonne.

IX.

Dépense des travaux dans les affluents de la Garonne.

Nous avons 10 mètres cubes de mur par barrage
sur 1 mètre d'épaisseur et 8 mètres de hauteur, ce
qui nous donne 80 mètres cubes de maçonnerie par
barrage. Les 2 murs équivalent à 160 mètres cubes
de maçonnerie qui, à 10 l'un, font 1,600 fr. pour les
deux et pour chaque affluent. Total de la dépense
pour les 50 barrages : 80,000 fr. qui, avec les travaux imprévus, pouvant s'élever à 20,000 fr., feront
100,000 fr.

Préjudices causés par les graviers des rivières et fleuves.

Les murs de graviers qui s'accumulent dans le lit
des rivières et fleuves ont pour résultat d'empêcher
les eaux de suivre leur marche régulière, et de diminuer la vitesse de leur courant en augmentant la
largeur des lits et en diminuant d'autant la surface
des terrains riverains. Ces murs dans les lits rejet-
tent les eaux à droite et à gauche et détériorent les
bords, et comme les lits s'exhaussent d'autant, les

eaux se déversent dans les terrains des plaines et les rendent stériles en y séjournant. Mais tout cela n'existerait point si les lits étaient débarrassés de leurs matières encombrantes, et les barrages les empêchant de descendre, les eaux alors descendraient rapidement leur cours ; celles qui ont débordé sécheraient et là où il y avait auparavant la stérilité, il y aurait désormais la richesse.

X.

Je cite ici quelques phrases de la *Maison rustique*, tome Ier, page 237, afin de corroborer ce que j'ai dit sur l'efficacité de mon système :

Des terrasses et costières.

« Dans les Cévennes, les habitants emploient des
« moyens appropriés pour retenir les terres de leurs
« montagnes que les pluies entraînent et pour les
« défendre contre les ravages des torrents, en les
« faisant même tourner à leur profit. Ces moyens
« étant susceptibles de trouver leur application dans
« d'autres localités, il ne sera pas hors de propos
« de les faire connaître.

« Dans les lieux les plus escarpés, des murs en
« pierres sèches diminuent les pentes, soutiennent
« les terres et par conséquent les arbres ; leur hau-

« teur et leur longueur dépendent de la situation des
« lieux et de la quantité des terres ; l'agriculteur
« cévennais prend souvent la peine d'en transporter
« sur son dos pour remplir ces terrasses ; il remonte
« du bas de la montagne celles que les torrents lui
« enlèvent. Dans quelques endroits, les murs sont
« si multipliés qu'ils forment un amphithéâtre de
« terrasses horizontales appelées des faissos.

« Des pierres saillantes forment des escaliers
« pour aller de l'une à l'autre. C'est là que sont les
« vignes, les plantations de mûriers, le peu de sei-
« gle et les jardins des Cévennais. Dans les monta-
« gnes plantées de châtaigniers, des valats (tran-
« chées) sont creusés de distance en distance pour
« recevoir les eaux du ciel et les diriger vers les
« ravins. Après quelques instants de pluie, ces
« valats, remplis de celle qui tombe dans les inter-
« valles qui les séparent, font couler l'eau, les uns
« à droite, les autres à gauche sur les groupes des
« montagnes et formeraient dans toutes les gorges
« des torrents impétueux, si le Cévennais ne savait
« rendre leur cours moins rapide. Après avoir em-
« pêché les eaux de se creuser des sillons profonds
« en les recevant dans des valats qu'il a soin d'en-
« tretenir nettoyés, il les retient par des roscassaux
« (pierres) dans les ravins où elles déposent la terre
« qu'elles chàrrient, et forment des étages planes
« qu'elles arrosent, au lieu de se précipiter du haut

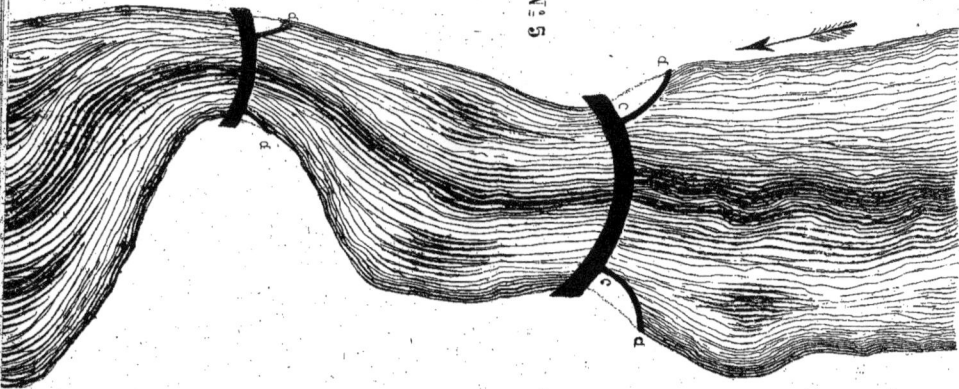

Fig. N:º 5

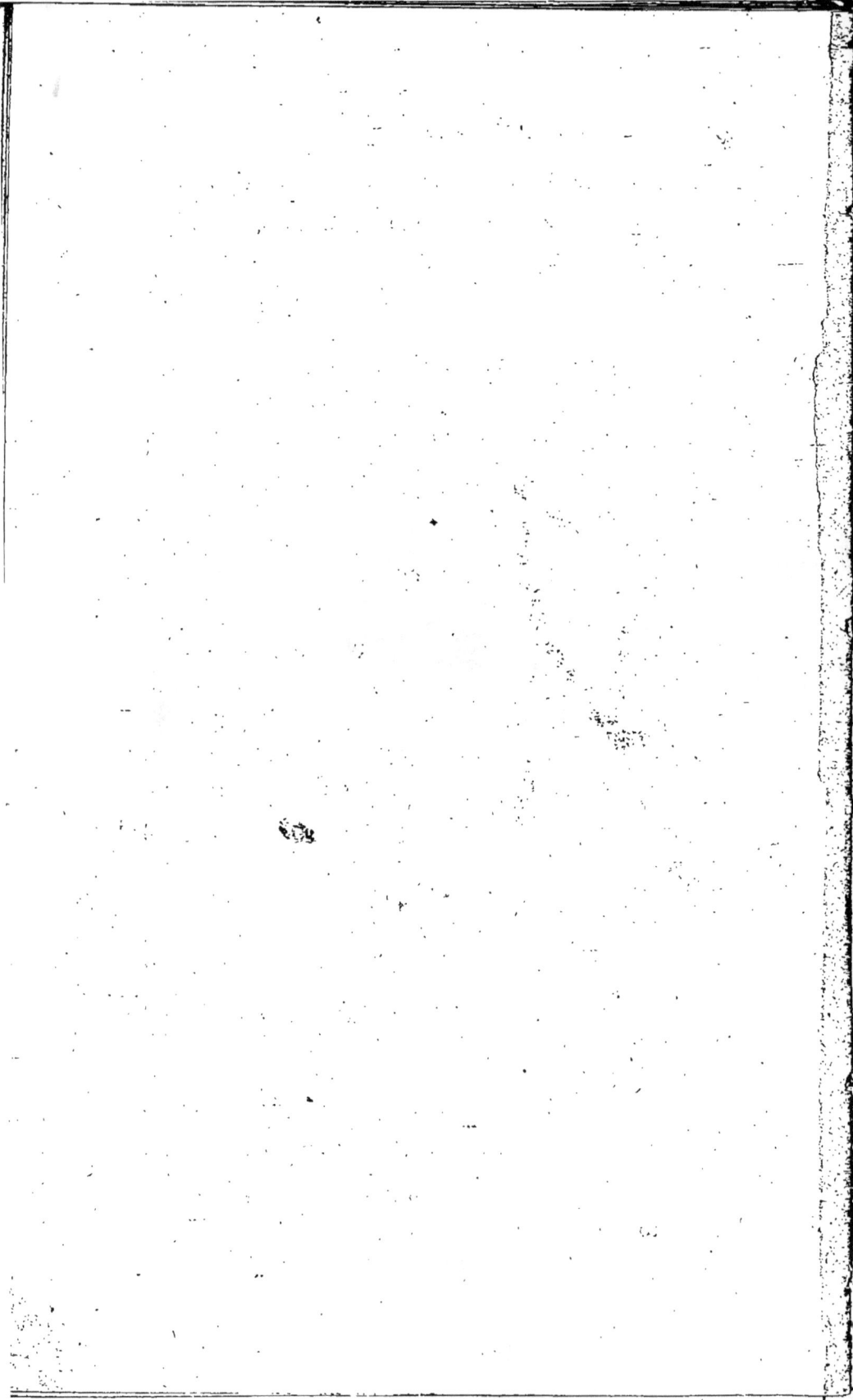

« de la montagne et de la décharner jusqu'au roc,
« comme cela arriverait sans ces préparations.

« M. le comte Choptal a décrit dans un excellent
« mémoire ces digues et comment on convertit les
« rochers en terres fertiles dans les Cévennes.
« J'ajouterai quelques détails à ceux qu'il nous a
« donnés sur la construction des roscassaux. Dans
« les pays granitiques, on y emploie les plus gros
« blocs qu'on peut rouler ; dans les pays schisteux,
« on n'a que des pierres plates, mais on sait bien les
« arranger droites et les enclaver les unes dans les
« autres. Quels que soient les matériaux qu'on
« emploie, on appuie toujours les deux extrémités
« du mur sur les rochers des bords du ravin et l'on
« tâche de le fonder aussi sur le roc, ou lorsque cela
« n'est pas possible, on place au fond et en avant de
« larges pierres pour recevoir la cascade et l'em-
« pêcher de creuser. On forme des retraites pour
« briser l'eau dans sa chute ; on fait ces murs en
« talus ; on leur donne beaucoup d'épaisseur et peu
« de hauteur d'abord, pour les élever à mesure que
« l'atterrissement se forme. Je dois citer un simple
« ouvrier à cause de son génie naturel. En construi-
« sant des roscassaux, non-seulement il les appuyait
« sur le roc et prenait toutes les précautions que
« j'ai indiquées, mais il les cintrait du côté d'amont
« dans l'idée qu'elles résisteraient mieux au courant
« et seraient plus durables que celles faites en ligne

« droite. Un mathématicien l'aurait démontré ;
« un paysan cévennais l'imagina et l'exécuta. »

Observations sur ces dernières phrases.

On le voit, les habitants des Cévennes emploient
pour retenir les terrains les mêmes moyens que j'ai
prescrits pour les inondations, car leurs roscassaux
ne sont pas autre chose que mes barrages. C'est avec
raison qu'on les emploie dans les Cévennes, car
c'est le seul moyen de retenir les terres des coteaux
et des montagnes. (Voir la planche n° 5, forme des
barrages dans les torrents.)

Je crois m'être suffisamment expliqué, et je crois
que mon système sera compris et mis en pratique
pour l'intérêt général et en particulier celui de
l'agriculture, cette mère nourricière de la société.
N'est-il pas regrettable de voir tant d'hectares de
terrain incultes et dont le nombre tend à s'accroître
journellement par suite des inondations et par la
désagrégation des coteaux ? Douze ans d'études et d'expérience me font un devoir d'appeler
l'attention des hommes compétents, afin de détruire
de funestes préjugés qui amènent la misère et la
désolation dans les populations. Encore une fois,
j'affirme que mon système est seul capable de prévenir les inondations. Je le conseille vivement à tous
les propriétaires des coteaux et des montagnes, et de

l'employer dans les plus petits torrents ou ravins, qui pourraient s'agrandir : on y remédiera en y faisant des barrages de 1 mètre, de 2 mètres et 3 mètres d'élévation seulement.

Observation d'une grande importance sur tous les cours d'eau.

Tous les cours d'eau, en général, ont été ou négligés ou détournés de leurs lits en aggravant leur position. Ils ont été le lieu où l'on a le plus jeté tout ce qui nous embarrassait. Les agriculteurs, après avoir miné et défoncé leurs terrains, ont cru devoir jeter toutes leurs pierres et autres matériaux sur le lit des torrents, ravins ou ruisseaux. Les usines à chaux y ont jeté leur débris, les entrepreneurs de bâtiments leurs démolitions et leurs débris de maçonnerie. C'est une erreur et une faute qu'il ne faut plus commettre.

Persuadé que mon système est le seul possible et réalisable pour prévenir les fléaux de tant d'inondations dont les désastres sont si préjudiciables à l'intérêt général, je demande au gouvernement français la direction des travaux de la rivière la plus torrentueuse, celle qui cause et a causé les plus grands ravages, et si mon système n'est pas compris, je demande qu'on mette *au pied du mur le maçon*.

Il prouvera qu'il n'est pas possible de réfuter son

système. Il prouvera qu'il n'y a pas d'autres moyens à employer pour sauvegarder l'intérêt général. Encore une fois, je demande qu'on me mette à l'épreuve en me confiant les barrages d'une rivière ou d'un torrent, quels qu'ils soient.

F. VENAT.

P. S. — Proposition de loi relative aux travaux applicables aux cours d'eaux pour la préservation des inondations.

Il serait vivement à désirer que le gouvernement fît une loi en plusieurs articles pour déterminer les conditions dans lesquelles doivent être faits les travaux sur les cours d'eau, les défenses relatives aux matières jetées dans les lits et les diverses peines applicables aux contrevenants.

1° Un article spécifiant que les travaux seront faits sous la direction d'un agent spécial et que ces travaux seront exécutés dans tous les départements.

2° Un autre article spécifiant que les dépenses de ces travaux seront supportées partie par l'Etat, par les départements et par les propriétaires riverains ou par le syndicat qui les représente ; de plus, un vingtième de la dépense sera supporté par les propriétaires situés autour des travaux, sur le parcours d'un kilomètre et demi, soit 1,500 mètres en amont du point où seront créés les travaux.

3° Les propriétaires ne pourront faire aucune opposition à la confection des travaux. Toutefois, si des dommages étaient causés aux propriétés riverains par suite du charroi ou apport des matériaux venant des carrières, ces dommages seraient estimés à l'amiable ou à dire d'experts.

4° Il serait à désirer que le gouvernement forçât les propriétaires riverains des petits affluents ou ravins de se cotiser avec leurs voisins, dans leur intérêt particulier, pour élever, à frais communs, des barrages secondaires qui conserveraient leurs propriétés, d'une part, et qui, d'autre part, soulageraient le lit principal dans lequel les affluents viennent se réunir avec leurs matières graveleuses.

Article unique relatif au curage des rivières et fleuves.

Le curage des rivières et des fleuves sera opéré par les riverains sur tout le parcours de leurs propriétés, avec le concours de l'Etat et des départements. Des commissions syndicales seront instituées pour l'exécution de ces travaux sur un parcours de 20 kilomètres au plus. Sur le parcours de ces sections de 20 kilomètres, les riverains auront à creuser chacun de leur côté jusqu'à moitié lit. Quant aux

riverains des rivières, ils ne contribueront que sur
une largeur de 2 kilomètres, après répartition proportionnelle, et les riverains des fleuves contribueront sur une largeur de 4 kilomètres, après répartition proportionnelle aussi. Ils pourront s'acquitter
en nature ou en argent, selon les moyens de fortune
de chacun.

V. F.

294

www.ingramcontent.com/pod-product-compliance
Lightning Source LLC
Chambersburg PA
CBHW071455200326
41519CB00019B/5741